絵でわかる においと香りの不思議

長谷川香料株式会社 著

講談社

本文デザイン　坂本弓華（dig）
イラスト　おのみさ

はじめに

本書を手にとっていただきありがとうございます。

みなさんは，自分自身がもつ感覚について意識したことはありますか。目で見ることで文字を読んだり映像を楽しんだり（視覚），耳から入る人の話し声を聞いて会話をしたり音楽を聴いたり（聴覚），皮膚に触れたものから熱さや冷たさ，痛みを感じたり（触覚），口に入れたときに感じる味で，それが食べてはいけないものか，食べるべきものかを判断したり（味覚），そして，遠くから漂う花や料理のにおいは鼻を使って嗅ぐことで感じています（嗅覚）。これらの感覚を五感とよびます。私たちは意識しなくてもこれらの感覚を常に働かせ，身のまわりの危険を回避したり，コミュニケーションをとったり，おいしいものを食べたりしています。

自然界にはたくさんのにおいがあり，生物たちは意識的ではなくとも，においを情報として活用していることが多くあります。動物を例にみると，餌を探し出す，異性を探しあて求め合う，敵の襲来や山火事などの危険を察知し仲間に知らせるなど，日々を生き抜き子孫を残していくために，においはとても大切な情報源となっています。

人類は文明が進むにつれ，においを積極的に活用するようになりました。古くは神秘なものとして神に捧げ，やがて身体にまとったり，おいしさを求めてハーブやスパイスを料理に使うようになりました。現在では香水や化粧品，シャンプーなどの日用品，ペットボトルや缶などの飲料，カップ麺，スナック菓子など加工食品の原料のひとつとして「におい＝香料」が活用されています。

人間の嗅覚は，産まれたときから大人とほぼ同じくらいに発達していることがわかっています。産まれたばかりの赤ちゃんは，ほとんど目が見えていないにもかかわらず，お母さんのおっぱいを探しあてることができるのはそのためです。このことからも「におい」が私たち人間にとっても生きていくうえで重要なものであることがわかります。

読者のみなさんも，においや香りを嗅いで懐かしい記憶を思い出したり，思わずお腹がグゥーと鳴ったり，嫌なにおいに思わず鼻をつまんでしまった，という経験があるのではないでしょうか。

においが生物にとって重要な役割を果たしているのに，においがどのようなものか，また，どのように感じて情報として利用しているのか，知られていないことも多いと思います。においとはいったい何なのでしょう。

それでは，目に見えないにおいと香りの世界をいっしょにみていきましょう。

2022年4月

長谷川香料株式会社

本書の読み方

本書では左ページに文章，右ページにイラスト（図解）という構成を基本として，できるだけ平易な言葉で解説しています。

日本語には，においを表す言葉がいろいろあります。におい，匂い，香り，臭い，薫る，芳香などとさまざまで，主観によっても表現が異なります。そのため本書ではにおう物質は「におい」，花や食べ物のように多くのにおい物質で構成されていて多くの人がいいにおい，心地よいと感じるにおいは「香り」と表現しています。

はじめに　iii

CHAPTER I　においとは何か　001

1.1 におい物質とは　002
column すべてのものは化学物質でできている　004
1.2 におい物質の化学構造　006
1.3 においはどのように発生するのか　010
1.4 なんでにおいがあるの？　012
❶動物にとってのにおいとは　012
❷昆虫にとってのにおいとは　016
column 昆虫のフェロモンを人間も活用している！　019
❸植物にとってのにおいとは　020
column 生物農薬 ～虫や微生物を用いた防除法～　024
❹植物のにおい戦略を人間が利用している　026
❺菌も生きるためににおいをつくっている　028
1.5 においはあくまでも人間の判断　030
1.6 においの正体はこうやって調べていく　032

CHAPTER II　生活のなかにあるにおい　～一日を通して～　035

2.1 朝ごはん　036
❶パン　036
column コウジとコウボとコウソはどこが違うの？　038

❷ヨーグルト 040
column 乳酸菌とビフィズス菌 041
❸醤油 042
❹納豆 044
column 納豆菌は戦略家？ 045

2.2 通勤・通学 046

❶家から駅まで〜身近な植物 046
column 香りで春を感じる 051
❷電車のなかのにおい 052

2.3 帰宅途中 056

❶スポーツで汗をかいたら 056
column 足のにおいと納豆 059
❷家のなかのにおい 060

2.4 商店街のにおい 062

❶焼き鳥屋さん 062
column 炭火焼はなぜおいしいの？ 063
❷コーヒーショップ 064

2.5 夕ごはん 066

❶すき焼き：肉を焼いたにおい 066
column 関西風と関東風のすき焼きのにおい 068
❷あめ色タマネギのにおい 070
column メイラード反応とは 072
❸砂糖を焦がしたときのにおい：カラメル 074
column ガストリックとは 076
column おいしいにおい 077
❹デザート（果物） 078

2.6 リラックスタイム 080
①茶 080
②酒：ビール・日本酒・リキュール 082
③酒：ワイン 086
column フードペアリングとは 089
2.7 自然のなかに出かけよう 090
CHAPTER III においがするってどういうこと？ 097
3.1 ヒトの鼻の構造 098
3.2 においを感じるしくみ 100
column においの感知機構の話 電気信号に変換される情報 103
3.3 においが記憶に与える影響 104
column プルースト効果 105
3.4 別の嗅覚系で嗅ぐにおい 106
3.5 におい物質がたどる道 108
3.6 風味とにおいの関係 におい，味，風味 110
column 味とにおいの相互作用 112
3.7 クロスモーダルな相互作用はどこで起こる？ 114
column 味とにおいの相互作用（味覚） 116

CHAPTER IV におおいを積極的に活用した人類の歴史 119

4.1 西洋の香料の歴史 120

4.2 日本の香料の歴史 132

CHAPTER V においを工業製品としてつくる 143

5.1 香料の役割 144

1 香粧品香料：フレグランス 144
2 香りで演出 146
column においで世界を旅しよう！ 148
3 食品香料：フレーバー 150

5.2 香料はどうやってつくるの？ 154

1 原料 154
2 動物由来香料 156
3 植物由来香料 158
column 香料の採取 160
4 合成香料 162

5.3 香料を組み合わせる 164

1 調香 164
column 調香師のイマジネーションで創るにおい フレグランス 168
column 調香師のイマジネーションで創るにおい フレーバー 169
2 処方の完成！ 170

参考文献 174
おわりに 176
索 引 178

I

CHAPTER

An Illustrated Guide
to Mysteries of the
Fragrance and Flavor

においとは何か

この章ではにおいとは何なのか，その成り立ちや物質としての姿を科学的にみていきます。どのようにしてにおいができるのか，そしてなぜにおいがあるのか，動物や植物，人間にとってのにおいの役割や必要性をみていきましょう。さらに，それらのにおいの正体がどのように調べられているのか，その方法についてもみていきましょう。

SECTION 1.1

におい物質とは

季節の訪れを感じさせるキンモクセイ，醤油を焦がしたときに立ちのぼる香ばしいにおい，夕立の後に感じる雨上がりのにおいなど，私たちはさまざまな場面でにおいを感じていますが，そのにおいの正体について疑問をもったことはありませんか。実はにおいの正体はすべて，においがある「化学物質」が集まったものなのです。

私たちが感じるにおいの大部分は動物や植物，微生物などの生物がつくり出すものです。そして，それぞれの生物を構成しているものも，においを構成しているものも「原子」というものがつながってできている化学物質です。におい物質を構成している主な原子は，水素，炭素，窒素，酸素，硫黄などで，これらは生物を構成するものと同じです。また，生物がつくり出すこれらの化学物質の多くは，炭素を含む有機化合物とよばれるものです。

ヒトを含む陸上生物がにおいとして感知するのはこれらの化合物のうち気体となって漂っているもので，なかでもにおいを感じる「におい物質」は地球上に約40万種類あるといわれています。

キンモクセイのにおいや醤油の焦げたにおい，雨上がりのにおいが1種類のにおい物質でできているわけではありません。これらのにおいはさまざまなにおい物質がたくさん集まってひとつのにおいとして感じられているものなのです。

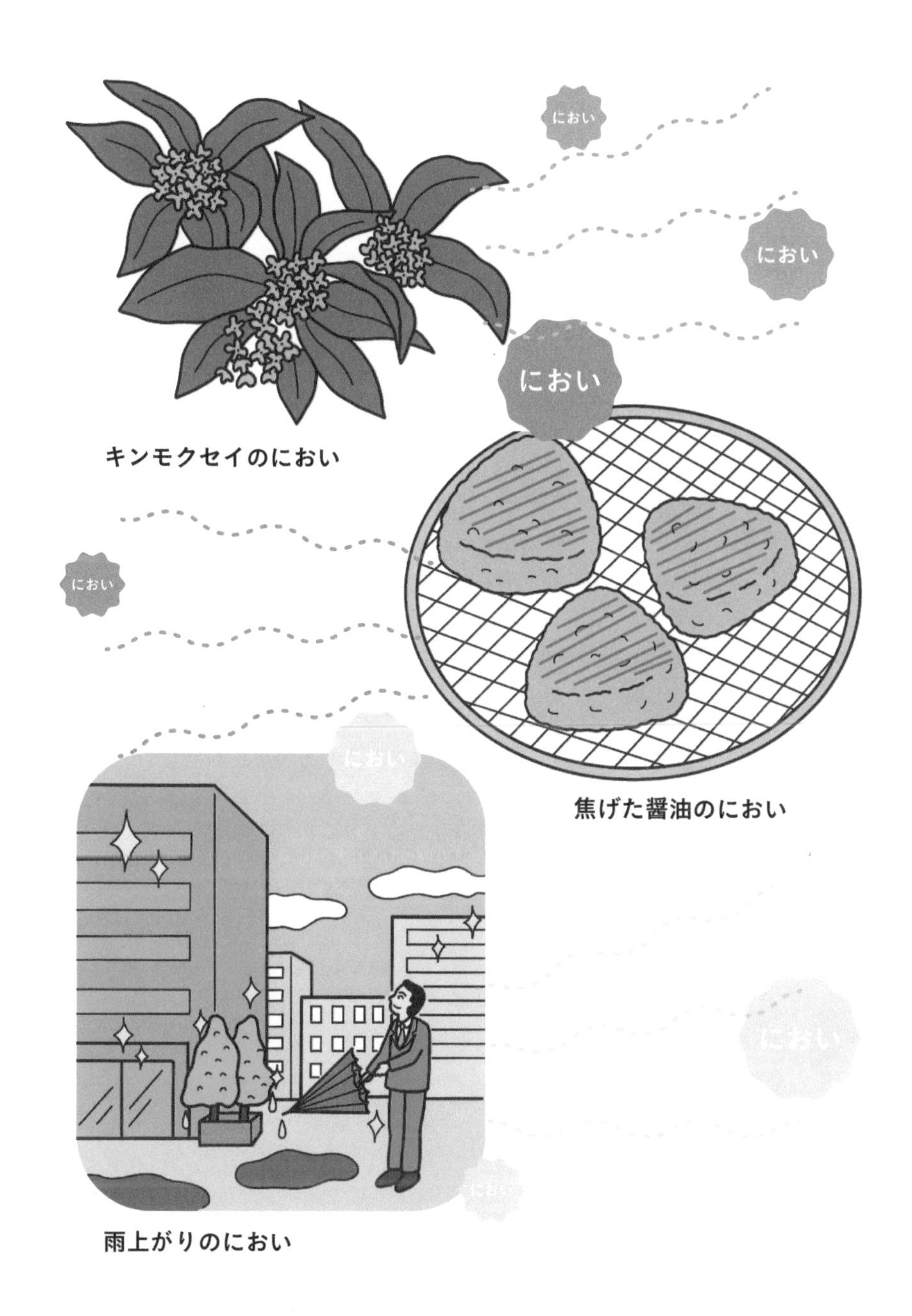
におい
におい
におい
におい
キンモクセイのにおい
焦げた醤油のにおい
雨上がりのにおい

column すべてのものは化学物質でできている

においと同じく，この世の中のすべてのものは化学物質でできています。例としてポテトチップスの構成成分を詳しくみていきましょう。ポテトチップスの材料は「ジャガイモ」と「食塩」と「油」です。食べ物の成分として，タンパク質や炭水化物，脂質，ミネラル，ビタミンなどがあります。ジャガイモは，その大半がデンプンという炭水化物の一種で，そのデンプンはブドウ糖がたくさんつながった構造をもっています。また，油は植物性も動物性もトリアシルグリセロール（脂肪酸とグリセロールが結合したもの）という物質で構成されています。ブドウ糖やトリアシルグリセロールは，炭素（C），水素（H），酸素（O）が化学結合で結びついた分子（化合物）で，さらに炭素を含んでいることから「有機化合物」とよばれます。そしてこれらを構成するC，H，Oなどの原子は，ジャガイモや油の最小単位なのです。

一方，食塩はナトリウム（Na）と塩素（Cl）で構成されています。食塩は炭素を含んでいないため「無機化合物」とよばれます。食塩を構成するNa，ClもC，H，Oと同じく原子であり，食塩の最小単位なのです。

少し難しくなりましたが，私たちや私たちのまわりにあるもの，たとえば今あなたが手にしているこの本，あなたが座っている椅子（いす），口にしている飲み物や食べ物，地球上に存在するものはすべて化学物質でできているのです。

化合物の構造式の書き方

本書では化合物の構造式は，炭素原子を表すCは省略し，炭素原子に結合した水素原子はその結合ごとに省略する方式を使用しています。

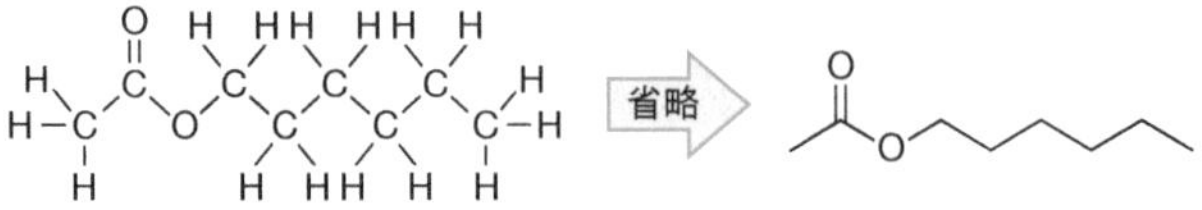

省略

酢酸ヘキシルの構造式の省略形

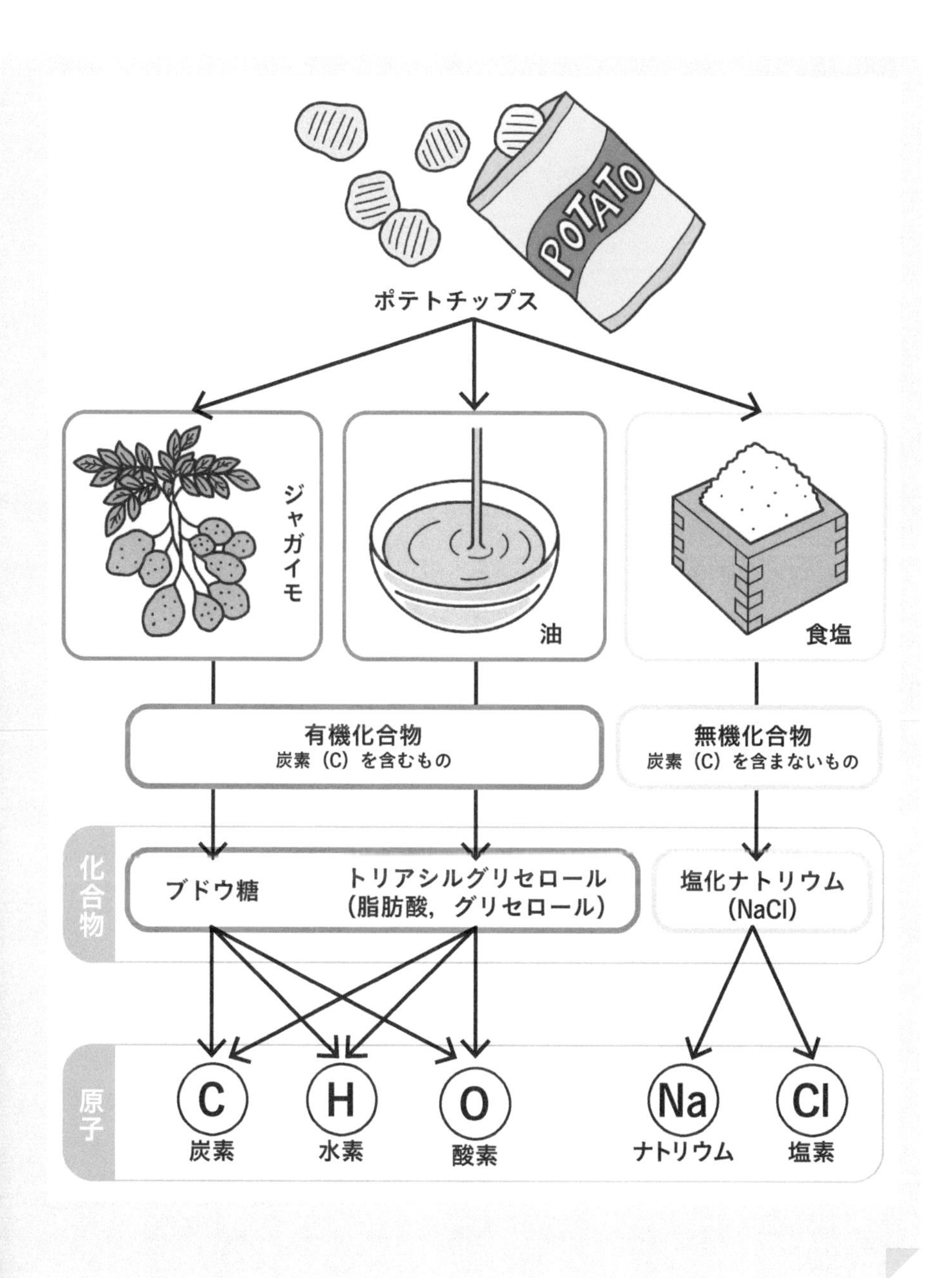
POTATO
ポテトチップス
ジャガイモ
油
食塩
有機化合物
炭素（C）を含むもの
無機化合物
炭素（C）を含まないもの
化合物
ブドウ糖
トリアシルグリセロール
（脂肪酸，グリセロール）
塩化ナトリウム
(NaCl)
原子
C
炭素
H
水素
O
酸素
Na
ナトリウム
Cl
塩素

SECTION 1.2

におい物質の化学構造

世の中にはさまざまなにおいが存在します。においをかたちづくっているひとつひとつのにおい物質については，その分子の化学構造とにおいの特徴にある程度関係があることがわかっています。

におい物質は，前にも述べたとおり，水素原子，炭素原子，窒素原子，酸素原子，硫黄原子などを含んでおり，それら原子の結合の仕方によってさまざまな原子団（官能基）がかたちづくられます。その官能基の種類によってにおいの特徴が違ってくるのです。代表的なものとして，お酒に含まれるエチルアルコール，二日酔いの原因物質であるアセトアルデヒド，酢の酸っぱい成分である酢酸は官能基が違うだけなのですが，まったく別のにおいがします。そのほかには，リンゴのにおい成分のひとつである酢酸ヘキシルなどのエステル類はフルーツのようなにおい，消毒薬のにおいの正体である*p*-クレゾールなどのフェノール類は薬っぽいにおいがあります。また，窒素原子や硫黄原子を含んだものは独特のにおいを発するものもあります。化学構造が違えばにおいの特徴もさまざまです。

また，官能基の分類とは別に脂肪族系化合物，芳香族系化合物といった構造の骨格に基づいた分類方法もあります。そのなかにはテルペン系化合物である，イソプレンという単位を基本骨格とした構造をもつにおい物質もあります。特にモノテルペン類，セスキテルペン類は植物がつくり出し，気体になりやすく，におい物質としてとても重要なものです。

におい物質がもっている骨格もにおいのタイプに関係があり，化学の知識があると，そのにおい物質の分子構造からどのようなにおいがするか，ある程度予想することができます。ほかにも同じ原子構成でありながら，結合の順序が違う場合や，順序は同じでも形が異なることによっていくつかの化合物が存在する場合があり，これらを異性体といいます。次は異性体の種類についてみていきましょう。

アルコール類
お酒に多く含まれる
エチルアルコール

アルデヒド類
二日酔いの原因物質
アセトアルデヒド

カルボン酸類
酢の酸っぱい成分
酢酸

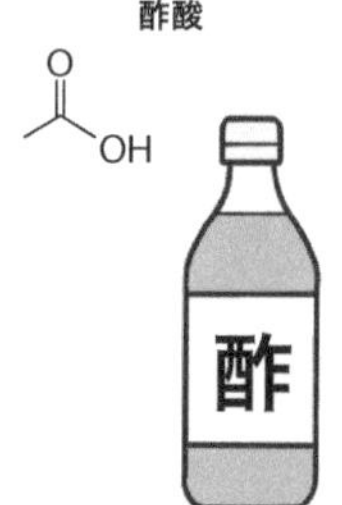

ケトン類
除光液の主成分
アセトン

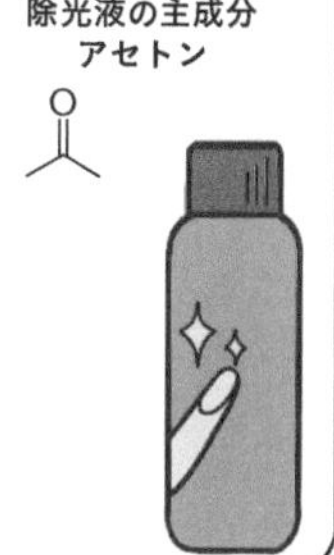

エステル類
リンゴのにおい成分
酢酸ヘキシル

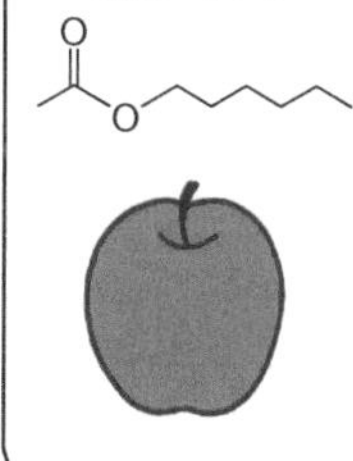

フェノール類
消毒薬のにおい
p- クレゾール

窒素化合物類
お餅を焦がしたようなにおい
2- エチル -3,5- ジメチルピラジン

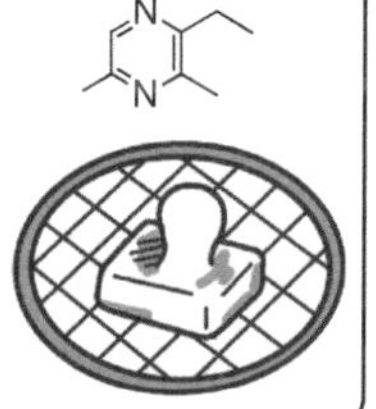

硫黄化合物類
海苔のようなにおい
ジメチルスルフィド

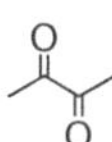

プロパン　ジアセチル　ヘキサノール

脂肪族系化合物
化合物を構成する炭素原子どうしが鎖状に連なっている構造

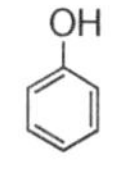

2-フェニルエチルアルコール　フェノール　スチレン

芳香族系化合物
ベンゼン環とよばれる正六角形の炭素骨格を含んでいる構造

テルペン系化合物
イソプレン(C_5H_8)を一単位として結合した化合物

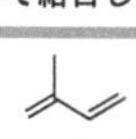

イソプレン

イソプレンが
2 個
モノテルペン類

リモネン

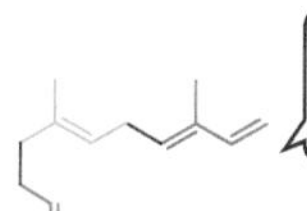

イソプレンが
3 個
セキステルペン類

α- ファルネセン

幾何異性体とにおい

多くの化合物において炭素と炭素は1本の腕で結合（単結合）していますが，なかには2本の腕で結合（二重結合）している場合もあります。単結合の場合は，結合軸で回転することができますが，二重結合の場合は回転することができません。そのため，軸を挟んで同じ側に結合するシス体，違う側に結合するトランス体，という立体構造が異なる2種類のかたちの化合物ができることになります。これが幾何異性体です。ジャスミンの花のにおいに含まれるジャスモンはその一例で，シス体とトランス体でにおいの強度が異なります。現在ではシス体，トランス体の代わりに*Z*体，*E*体という書き方を用いることが一般的です。

構造異性体とにおい

官能基や二重結合の位置が異なる化合物を，それぞれの構造異性体といいます。構造異性体にもにおいが異なるものがあります。バラの花のにおいがする2-フェニルエチルアルコールというにおい物質の官能基の位置が違う異性体は，バラの花からは程遠いにおいがします。また，ラズベリーに含まれているラズベリーケトンというラズベリーのにおいがするにおい物質も同様に，官能基の位置が違う異性体はラズベリーのにおいはまったくしません。

鏡像異性体とにおい

炭素は4本の腕をもち，さまざまな原子と結合します。その4本の腕すべてが異なった原子または原子団と結合している炭素を，対称ではないという意味で不斉炭素とよびます。不斉炭素を1つもっている分子には，重ね合わせることができない2種類の分子が存在します。右手と左手のように鏡に映したような関係にあることから鏡像異性体とよびます。この2種類の分子は化学的性質も物理的性質も同じですが，においが異なることが多く，例に示したメントールでは，*l*-メントールはハッカのにおいが，*d*-メントールは消毒薬のようなにおいがします。

このほかにもさまざまな異性体が存在し，においの違いもさまざまです。

幾何異性体

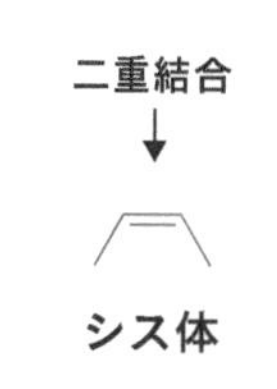

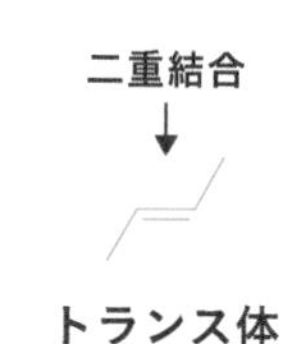

ジャスミン

O
シス-ジャスモン
（においが強い）

O
トランス-ジャスモン
（においが弱い）

構造異性体

ラズベリー

O
HO
官能基
ラズベリーケトン
（ラズベリーのにおい）

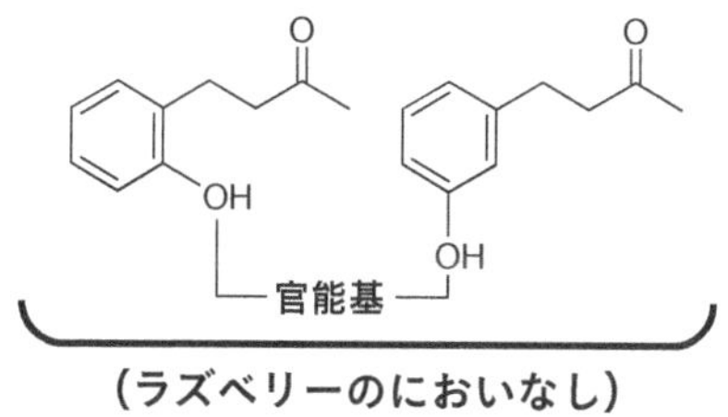

（ラズベリーのにおいなし）

鏡像異性体

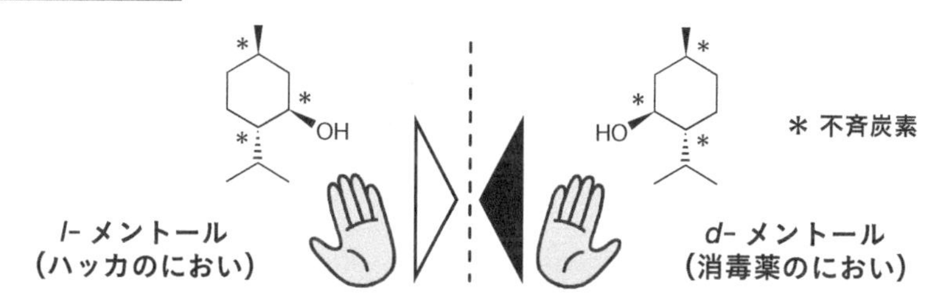

分子の立体構造を平面（紙）に描いて表す場合，平面上にない（立体の）結合を示すため ◀ と ⋯⋯|||| を使用します。構造式中の ◀ は紙面の手前に伸びる結合，⋯⋯|||| は紙面の奥側に伸びる結合を示しています。

SECTION 1.3

においはどのように発生するのか

私たちはバラやリンゴ，醤油やワインなど言葉からそのにおいをイメージすることができます。しかし，1.1 節（2 ページ）で述べたように，キンモクセイのにおい，醤油のにおいのする物質があるわけではなく，それらのにおいは何百，何千というにおい物質が集まってできています。それではそのようなにおいは，どのようにつくり出されているのでしょうか。ここでは，2-フェニルエチルアルコールを例にみていきましょう。

2-フェニルエチルアルコールはバラのにおいを構成するにおい物質のひとつで，バラのにおいの甘い部分を特徴づけています。この物質はつぼみのときに花びらのなかでフェニルアラニンというアミノ酸から酵素のはたらきによりつくられ，開花すると，ほかのにおい物質といっしょに花びらの外に放出されます。

この 2-フェニルエチルアルコールは，バラだけではなく数多くの花や果物，発酵食品である醤油や味噌，ワイン，パンなどの身近な食べ物にも多く含まれています。これらの発酵食品に共通しているのは，酵母とよばれる微生物によって発酵が起きていることです。酵母は醤油や味噌であれば大豆，ワインであればブドウに含まれるフェニルアラニンを栄養源のひとつとしてエネルギーを得た後に，この物質を排出します。発酵食品が放つ 2-フェニルエチルアルコールはいわば酵母からの贈り物ともいえます。

醤油や味噌から，バラの花のにおいを感じることはないかもしれませんが，2-フェニルエチルアルコールはそれらのにおいをかたちづくる大切なにおい物質のひとつです。

この例に限らずにおいを構成するひとつひとつの成分は，さまざまな経路を通って変化してできるものなのです。

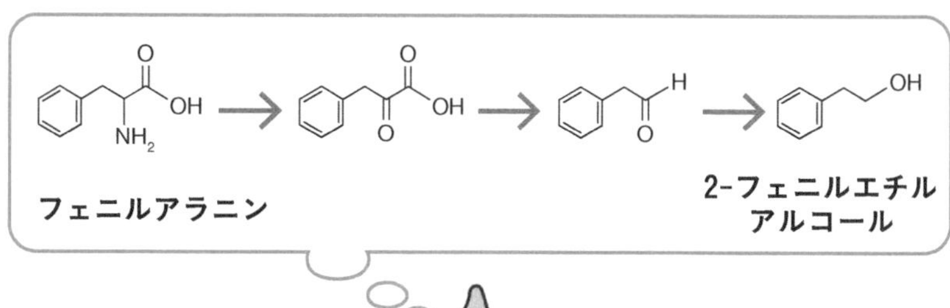

つぼみのなかでにおいのないアミノ酸からにおい物質がつくられます

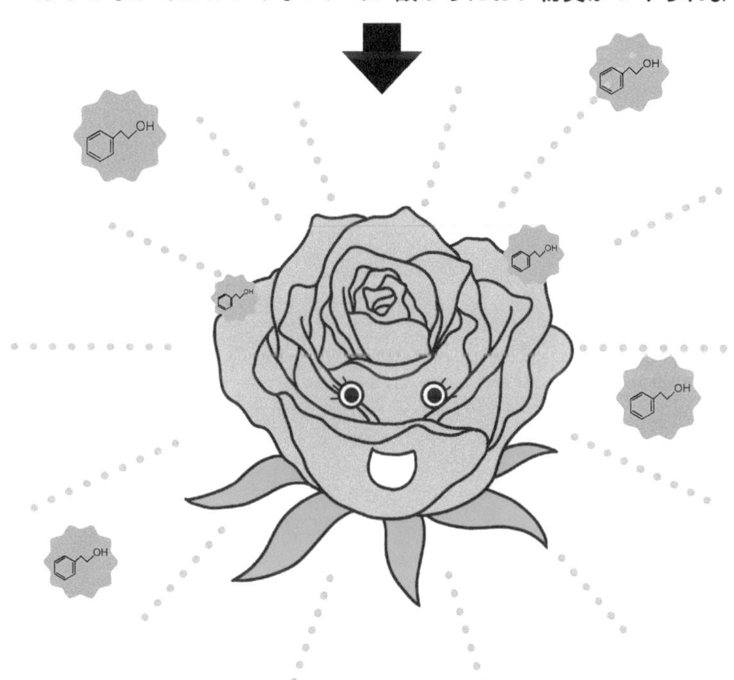

開花するとにおい物質が放出され，周辺にバラのにおいを漂わせます

SECTION 1.4

なんでにおいがあるの？ ―①動物にとってのにおいとは

ここまではにおい物質がどのような構造をしていて，どのように生成されているのかをみてきました。それでは何のためににおいはあるのでしょうか。ここからは自然界を通して，においがもつ意味について考えてみましょう。

私たち人間は言葉や文字を使って意思を伝えあっていますが，人間以外の動物や昆虫，植物などは仲間どうしのコミュニケーションをどのようにとっているのでしょうか。主な手段のひとつににおいがあります。ここではさまざまな動物がにおいをどのように利用しているのかみていきましょう。

私たちの身近な存在であるイヌをみてみると，散歩の途中に電柱のにおいをくんくん嗅ぎ，さらには電柱におしっこをかける姿をみなさんもよく目にするのではないでしょうか。これは「マーキング」とよばれる行動で，イヌに限らず肉食哺乳類の多くは自分の排泄物およびそのにおいで縄張りとしてのしるしをつけて自分の存在をアピールしています。また，イヌと散歩していると，途中で出会ったイヌとお尻のにおいを嗅ぎあう不思議な光景を目にすることがあります。これは，お尻まわりにある肛門腺から分泌するにおいを嗅いで相手のことを知ろうとしているのです。イヌはお尻のにおいを嗅ぐことで，相手の年齢や性格，そのときの体調や機嫌までも察知することができるといわれています。

ネコはどうでしょうか。飼いネコが家の柱や壁にからだをこすりつけたり，飼い主にすり寄ってきたりする行動を見たことはありませんか。これはからだが痒いとか，人間に甘えているという理由だけではなく，からだのあちこちから分泌されるにおい物質をこすりつけているのです。ネコはこすりつけたにおいを嗅ぐことで気分を落ち着かせています。また，ネコが家の壁や柱で爪とぎをするのも，爪をきれいにとぐためだけではなく，肉球からにおい物質を分泌させることで自分の縄張りを主張しているのです。

トリのなかにはにおいを求愛行動に利用しているものもいます。エトロフウミスズメは，繁殖期になると首のあたりの羽を互いにこすりあう行動がみられます。人間の鼻でも感じとれるくらいの柑橘（かんきつ）系のにおいがして，このにおいが強い個体どうしがつがいとなることがわかっています。

マーキング
ここは僕の
縄張りだ！

コミュニケーション
今日は
元気かな？
お尻を
嗅ぎあう

自分のにおいで
安心する
ほっとする
わ〜
飼い主にからだを
こすりつける

においで
プロポーズ
好き好き♡
首のあたりを
こすりつける
エトロフ
ウミスズメ

においを攻撃の手段に利用している動物もいます。おならを出すことで有名なスカンクは，自身に危険が迫ると強烈なにおいのおならを敵の顔めがけて噴射することで追い払います。スカンクはお尻の筋肉が発達しているので，約3 m先までおならを放つことができます。このおならは実は分泌物で，そのにおいは腐った卵やニンニクと表現され，その主成分は(*E*)-2-ブテン-1-チオールなどの硫黄を含むにおい物質（含硫化合物）であることがわかっています。含硫化合物はいったん皮膚につくと皮膚のタンパク質と強く結合するため，入浴して石鹸（せっけん）で洗っても何日もにおいがとれません。最強の攻撃手段にみえるスカンクのおならですが，弱点は一度おならを噴射すると，もう一度溜めるのに10日以上かかってしまうことです。

農作物を荒らす動物除けとして，人間は昔から「オオカミの尿」を利用してきました。オオカミの尿は，そのにおいでイノシシやサル，タヌキだけではなくクマまでも追い払うことができる有効な手段になるのです。人間は動物が生きるために活用しているにおいを利用させてもらうこともあります。

ブタのようににおいを恋愛のツールとして利用している動物もいます。ブタはオスが発情期のメスに対してにおい物質を放出し，そのにおいを感じてメスはオスを受け入れます。実はこのにおい物質は，世界三大珍味のひとつで，その独特な香りで有名なキノコ「トリュフ」に含まれるアンドロステノンというにおい物質に分子のかたちが似ているために，メスのブタはトリュフのにおいを嗅ぎ分けることができます。この特性を利用して，人間は昔からメスのブタを使って希少で見つけるのに大変なトリュフ探しを行ってきました。

植物や昆虫に比べると視覚や聴覚が発達している動物ですが，種族間でさまざまな情報を交換するだけではなく，身を守るためにもにおいが重要な役割を果たしているのです。

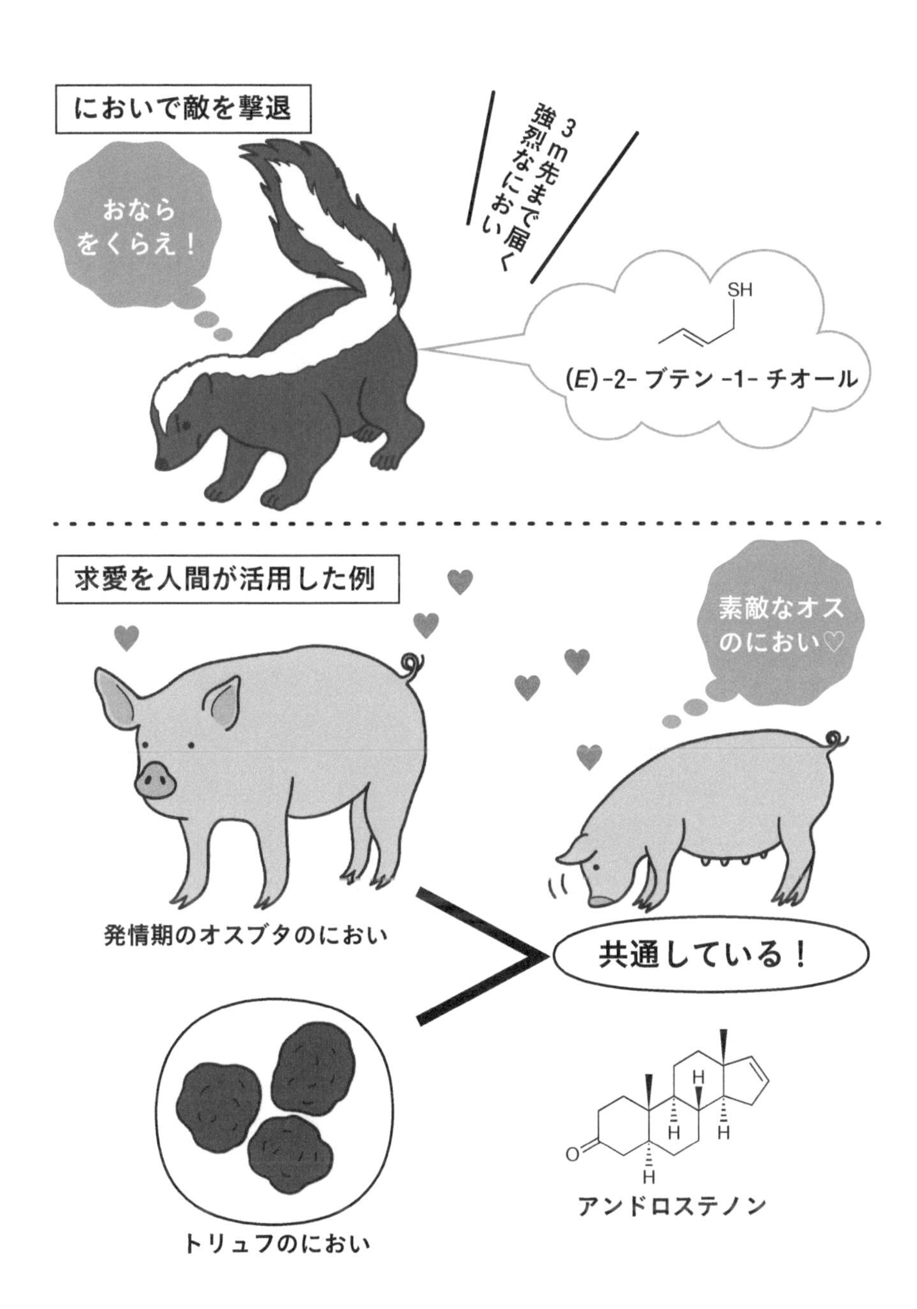
においで敵を撃退
おならをくらえ！
3m先まで届く強烈なにおい
SH
(E)-2-ブテン-1-チオール
求愛を人間が活用した例
素敵なオスのにおい♡
発情期のオスブタのにおい
共通している！
トリュフのにおい
H
H
H
H
O
H
アンドロステノン

② 昆虫にとってのにおいとは

昆虫とにおいについてみていきましょう。

においのする昆虫というとカメムシを思い浮かべる人も多いと思います。カメムシは攻撃されると(*E*)-2-ヘキセナールというにおい物質をたくさん放出します。これがカメムシの青臭いにおいの正体です。このにおいが強く放出されると，近くにいる仲間のカメムシは危険を察知して逃げていきます。カメムシは群れをなして行動しますが，仲間をよぶときにはこの(*E*)-2-ヘキセナールを少しずつ放出すると，そのにおいをたよりに仲間が集まってきます。(*E*)-2-ヘキセナールはリンゴを思わせるにおいでもあり，カメムシのにおいとリンゴのにおいに共通した成分があるというのもおもしろいところです。また，カメムシの仲間のタガメは，インドネシアやタイでは食用としても飼育されていて，食べると洋ナシの香りがするといわれています。これはタガメがメスを誘うときに放出する酢酸(*E*)-2-ヘキセニルというにおい物質が洋ナシのようなにおいがするためです。昆虫どうしのコミュニケーションに果物のようなにおいを利用するというのも興味深いところです。

昆虫は，人間がにおいを感じない物質でもコミュニケーションをとっています。「フェロモン」という言葉を聞いたことはありませんか。フェロモンとは動物や昆虫の体内でつくられて体外へ放出され，同種の他個体の行動や生理状態に影響を与える物質の総称で，揮発性のものが多くあります。そのなかには人間がにおいを感じる物質もあります。カメムシの(*E*)-2-ヘキセナールやタガメの酢酸(*E*)-2-ヘキセニルは，人間がにおいを感じるフェロモンなのです。

ここからは人間がにおいを感じない昆虫のフェロモンをみていきましょう。

繭(まゆ)から生糸をつくるために昔から日本で盛んに飼育されてきたカイコガは，世界で初めて性フェロモンが同定された昆虫としても有名です。カイコガの性フェロモン，ボンビコールは1959年に分子構造が決定されました。成熟したメスのカイコガの分泌腺から放出されたボンビコールは，空気の流れにのって広がっていきます。オスのカイコガがボンビコールを感知すると，バタバタと羽ばたき，グルグルと回転しながら風上にいるメスに向かって求愛行動をとります。その様子はまるでダンスを踊っているようなので「婚礼のダンス」とよ

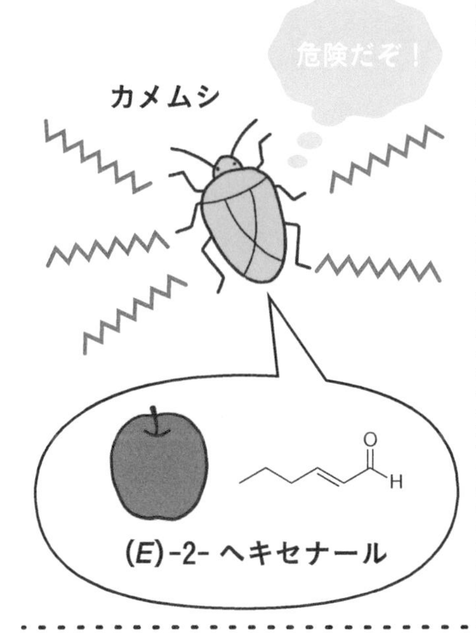
仲間へ警報を発する
危険だぞ！
カメムシ
(E)-2- ヘキセナール

メスを誘う
お茶しない？
タガメ
酢酸 (E)-2-
ヘキセニル

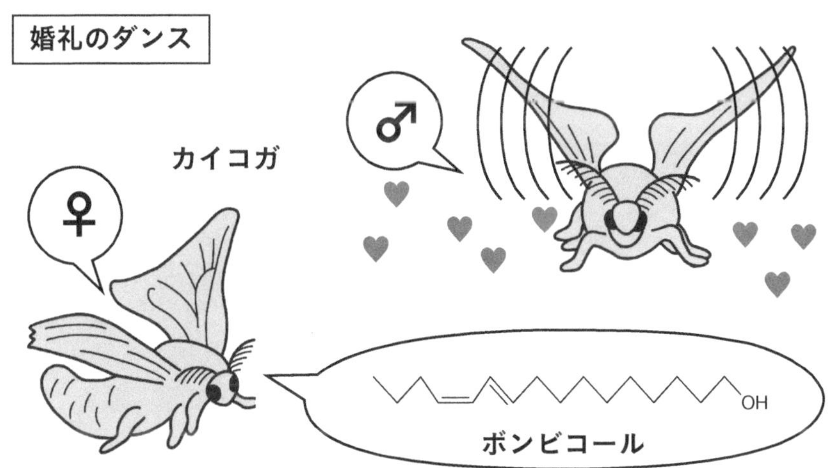
婚礼のダンス
♂
カイコガ
♀
ボンビコール

ばれています。このようにメスが放出する性フェロモンは，オスを興奮させて引き寄せる効果があります。

人間のようにコミュニティーをつくって生活をするアリもフェロモンを使って大勢の仲間たちとコミュニケーションをとっています。働きアリは餌を集めるために遠くまで出かけていきますが，迷うことなく巣まで帰ってくることができます。また仲間たちは餌を見つけたアリの後を追い，行列をつくって餌を運びます。どうして迷わずに餌のある場所までたどり着き，また巣まで戻ってくることができるのでしょうか。その重要な役目を担っているのが「道しるべフェロモン」です。餌を見つけた働きアリは，お尻の先から道しるべフェロモンを地面につけながら餌から巣までの道しるべを残します。そうすることで仲間のアリはこのにおいを手がかりに，餌のありかにたどり着くことができるのです。

また，アリはグループごとに異なる仲間識別フェロモンを体表にまとい，触角で相手のからだを触ることで，仲間かそうではないかを判断しています。触った相手が仲間だった場合はグルーミング（お互いのからだを舐めあう行為）や餌の受け渡しを行いますが，触った相手が仲間ではなかった場合，相手を威嚇したり攻撃したりするなどの行動をとります。ほかにも，アリは敵に遭遇するなどストレスにさらされると警報フェロモンを放出します。仲間のアリがこの警報フェロモンに気づくと，状況に応じて素早い逃避行動や敵に対する攻撃行動をとります。この警報フェロモンによって素早く仲間どうしで連携した行動をとり，巣や仲間たちを危険から守っているのです。このように，アリは場面ごとで異なるフェロモンを活用して生き抜いています。においと同様，フェロモンも多くの生き物の間で使われている大事なコミュニケーション物質です。

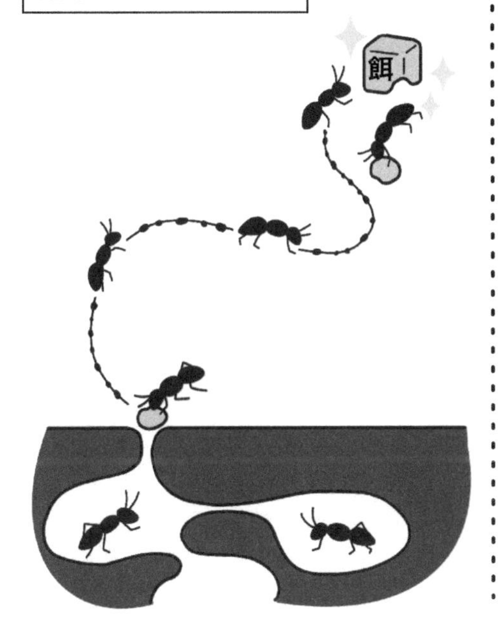

column

昆虫のフェロモンを人間も活用している！

人間は生活に害を及ぼす昆虫のフェロモンを調べて，そのフェロモンと同じ構造の化合物を合成し，害虫駆除に利用することがあります。先ほども触れたように性フェロモンでオスを集めて駆除するほか，「集合フェロモン」といった仲間を集めるフェロモンを用いることで，オスメス関係なく集めて一網打尽にするような研究もされています。フェロモンはごく微量で狙った昆虫にのみ作用するので，殺虫剤のような他の生物への影響が少なく自然に優しい害虫防除法ともいえます。昆虫のフェロモンは，人間の生活をより快適にするためにも活用されています。

③ 植物にとってのにおいとは

ここまで動物，昆虫とみてきましたが，植物にとっての「におい」の役割とは何でしょうか。花からいいにおいがしたり，果実からおいしそうなにおいがしたり，みなさんも植物のにおいを日常的に感じていることでしょう。実は植物もにおいを使って子孫を残し，生き残るうえで必要なさまざまなコミュニケーションをとっています。ここでは植物とにおいの関係をみていきましょう。

植物は動物や昆虫を惹きつけるために花や果実からいいにおいを放出して，子孫を残し繁栄するための手伝いをしてもらっています。花が満開の公園や花屋さんに行くと，いい香りがしますよね。花がいいにおいを放つのは，ハチやチョウなどの昆虫を引き寄せて，花粉を彼らに運んでもらうためです。そのため花は受粉の手伝いをしてくれる昆虫が活動している時間帯に最も強く香るようににおいの放出量を調整しています。においの放出量は日光によってコントロールされていて，目的の昆虫が昼間に活動している場合は日中に，夜行性の昆虫の場合は夜間に，花のにおいが強くなります。たとえば，多くのバラはハナバチが花粉を運んでくれるので，ハナバチが活発に活動する朝から昼にかけて最もにおいを強く放出します。一方，ヤマユリやジャスミンなどは夕方から夜にかけてにおいを強く発し，受粉を手伝ってくれるスズメガの仲間を誘い出しています。においで引き寄せられた昆虫に花の蜜を吸わせて，その代わりに受粉を手伝ってもらうという共生関係をとっているのです。

いいにおいだけではなく人間にとって嫌なにおい，たとえばトイレのにおいや糞便のにおいといった悪臭を放つ花もあります。スカンクキャベツとよばれるザゼンソウは雪解けと同時に腐敗臭のような強烈なにおいを放出しますが，これは悪臭を好むハエを呼び寄せるためです。花粉を運んでくれる昆虫にとって好ましいにおいを放つことは，花にとって生き残るうえで重要なことなのです。自然に咲く花のにおいをいつも以上に強く感じるときは，立ち止まってまわりをよくみると，花粉を背中につけて飛んでいる昆虫がいるかもしれません。

では果実の場合はどうでしょうか。果実がおいしそうなにおいを放つのは，動物に果実を食べてもらい，種を遠くまで運んでもらうためです。果実は成熟するにつれて植物ホルモンであるエチレンという物質が増加します。それが引

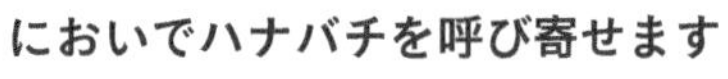
においでハナバチを呼び寄せます

においでスズメガを呼び寄せます

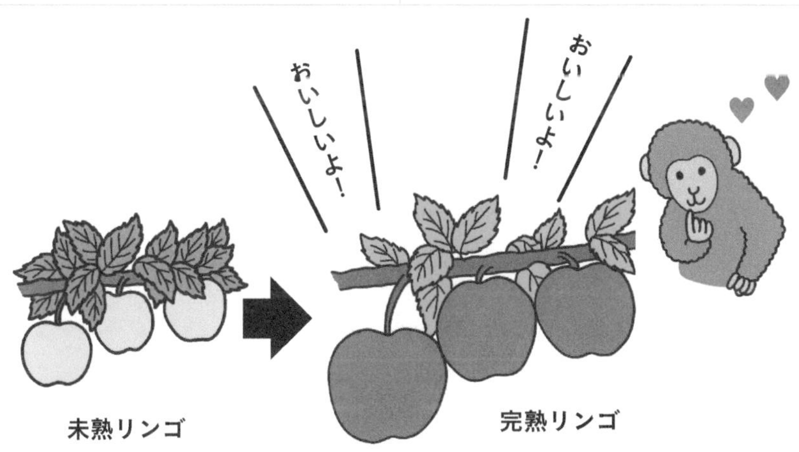

食べ頃をにおいで知らせます

き金となり果肉中ではデンプンが分解されて糖になるために甘くなり，細胞壁を壊す酵素が働いて果肉がやわらかくなります。さらににおい物質の生成量が増加することで，おいしそうなにおいを放つのです。ほとんどの果物は成熟するにつれてにおいが強くなりますが，これは動物たちに食べ頃のサインを送っているからと考えられています。

一方，植物はにおいを使ってさまざまなかたちで害虫や病原菌から自分の身を守っています。ミントやローズマリーなどのハーブは葉の表面に昆虫が毛嫌いするテルペン類を大量に蓄積し，天敵である昆虫を近づかせない方法をとっています。ミントはマメ科植物の害虫であるハダニの天敵カブリダニをにおいで引き寄せてハダニの農作物への食害を防いだり，においを感知した周囲の農作物の病気に対する抵抗力を高めたりと，においを使って自身だけではなくまわりの植物を守る役割も果たしています。このような植物をコンパニオンプランツといい，ほかにもネギやマリーゴールドなどがあります。いっしょに育てると，農作物の生育がよくなるので，家庭菜園や無農薬栽培を行う農家の間ではこのコンパニオンプランツの利用が増えています。

多くの植物は，その葉を天敵に食べられたり，病原菌に感染して病気になると，かすかに甘いにおいのするエチレンを放出してまわりの植物に危険を知らせる警報メッセージを発します。この警報メッセージを受けたまわりの植物は，天敵に食べられたり病気になったりしないように葉にアルカロイドや青酸などの防御物質を蓄えるように反応します。たとえば，サバンナに住むキリンはアカシアの葉を食べますが，1 本の木の葉っぱを食べると，次は 100 m 以上離れたアカシアの木に移動します。実はキリンが葉を食べている間にアカシアは「エチレン」を発散し，まわりに危険が迫っていることを知らせます。そのメッセージを受けとったまわりのアカシアの木は「タンニン」とよばれる防御物質を蓄えます。タンニンを蓄えたアカシアの葉はキリンにとって渋みが増しておいしくなくなり，キリンはそのことを知っているのでメッセージが届いていないおいしいアカシアの葉を求めて食事の場を変えるのです。

自分で身を守るのではなく，他者に守ってもらう植物もいます。植物のなかには虫に葉を食べられたときに甘いにおいを発して，そのにおいを手がかりに虫の天敵である寄生バチを呼び寄せるものもいます。キャベツはモンシロチョ

コンパニオンプランツ

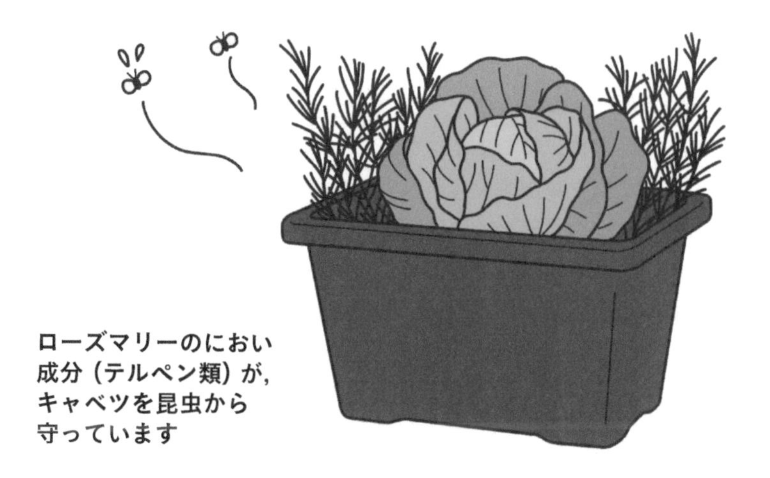
ローズマリーのにおい
成分（テルペン類）が,
キャベツを昆虫から
守っています

メッセージを受けて防御物質を蓄えます
危険！
危険！
アカシアはキリンに葉をかじられると，まわりの木に警報メッセージを
発信します

ウの幼虫（アオムシ）に葉をかじられるとアオムシの天敵であるアオムシコマユバチを呼び寄せ，コナガの幼虫に葉をかじられるとその天敵であるコナガコマユバチを呼び寄せます。つまり，食べられる相手によって放出するにおいを変え，それぞれの天敵となるハチを呼び寄せているのです。植物が出すこのにおいは寄生バチにとっては虫を見つけるための手がかりになり，植物にとっては身を守ってくれる用心棒を呼ぶための手段にもなります。

植物は話すことはできませんが，においを使って自分たちの子孫を残すために他の動物や昆虫をうまく利用しています。これを植物の「ケミカルコミュニケーション」といいます。人間だけではなく，動物・昆虫・植物もそれぞれ違ったかたちで生きていくためににおいを利用しています。みなさんがふと目にする光景のなかにも，においが引き起こすドラマが隠されているかもしれません。

生物農薬 〜虫や微生物を用いた防除法〜

本文でキャベツがコナガコマユバチを引き寄せてアオムシを退治するという話がありました。キャベツは自ら害虫の天敵をおびき寄せますが，人間がこの性質を利用した天然の農薬である「生物農薬」というものもあります。

テントウムシがアブラムシを食べるということはよく知られています。それを利用して，アブラナ科の野菜を育てる畑にテントウムシを放ち，アブラムシを防除するといった方法があります。このように，人間の手によって天敵昆虫を利用する方法は生物農薬のひとつで「天敵農薬」とよばれています。

天敵農薬は昆虫の直接的な被害から守るものですが，生物農薬には病原菌などから植物を守るための微生物農薬というものもあります。これらは自然界に存在する微生物や菌を利用して，不要な病原菌などの増殖を防ぎます。

アオムシコマユバチ

アオムシにかじられるとアオムシコマユバチが好むにおいを放出して呼び寄せます

コナガコマユバチ

コナガの幼虫にかじられるとコナガコマユバチが好むにおいを放出して呼び寄せます

キャベツは自身を守るためににおいを活用しています

④ 植物のにおい戦略を人間が利用している

話すことのできない植物はにおいで会話をして自分の身を守っています。人間は植物の防御反応を逆手にとって傷ついた植物が放つにおいを利用することがあります。いくつかの例をみていきましょう。

日本では６世紀頃に海岸に漂着した木を火のなかにくべたところ，よい香りがしたので朝廷に献上したと『日本書紀』に記されています。このにおいのする木はジンチョウゲ科の枯れ木で「沈香（沈水香木）」と名付けられました。木部が風雨や害虫などに傷つけられたときに自分の身を守るために滲み出した樹液が固まり，長い年月をかけて熟成された樹脂のことです。加熱によって独特の香りを放ち，樹脂の組成の微妙な違いによって香りが異なるのも沈香の特徴です。日本では香りを楽しむ文化が室町時代に香道として大成し，最近では線香やルームフレグランスにも利用されています。またアラビア半島ではシャンプーなどの日用品から香水まで沈香のにおいが広く親しまれています。同じように，木から分泌される樹脂を香料として利用している例として乳香があります。乳香は紀元前の古代遺跡から埋葬品として発見されており，古代エジプトでは神にささげる香りとして重宝され，同じ重さの黄金に値するものとして取引されていました。種や産地によって色や香りが異なり，青みがかった乳白色のものが最高級品として高値で取引されています。

食品では夏摘みダージリン紅茶の特徴であるマスカットのような香りにも植物の防御反応がかかわっています。グリーンフライとよばれる体長２mm 程度の虫（チャノミドリヒメヨコバイ）が茶葉のやわらかい箇所の汁を吸うことで，茶葉はそれに対抗しようと防御物質を蓄え葉の色が黄色く変化します。この変色した葉のみを摘みとり加工することで，熟したマスカットのような香りをもつ高品質なダージリン紅茶ができあがります。このように人間は植物の防御反応を利用することで，日々の生活ににおいという彩りを添えているのです。

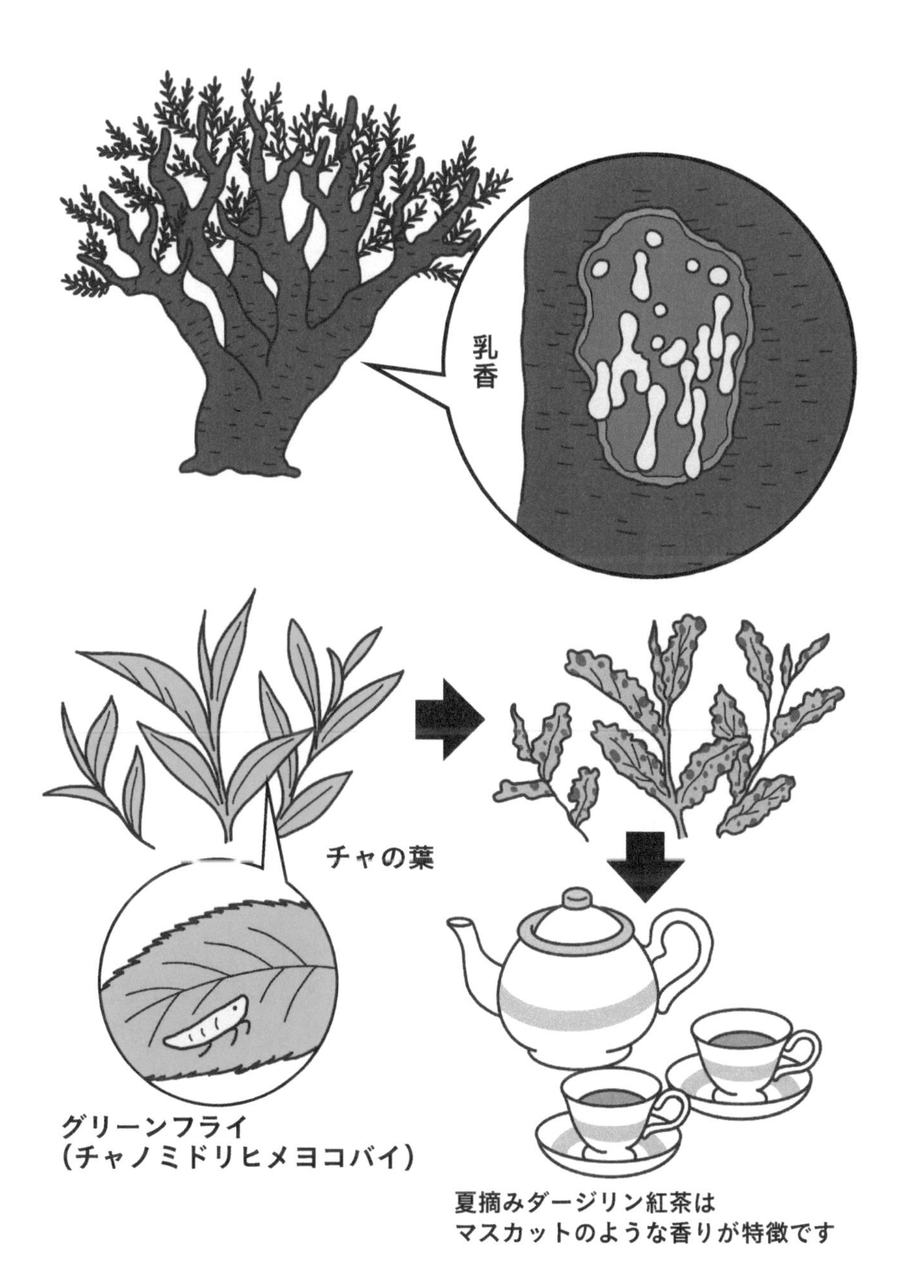
乳香
チャの葉
グリーンフライ
(チャノミドリヒメヨコバイ)
夏摘みダージリン紅茶は
マスカットのような香りが特徴です

⑤ 菌も生きるためににおいをつくっている

「菌」と聞いてどのようなイメージが思い浮かびますか。私たちにとって醤油や味噌の製造に用いられる「酵母」やヨーグルトに含まれる「乳酸菌」は親しみやすい存在ですが，お風呂の黒カビや食中毒の原因になる病原菌はやっかいな存在です。小さくても個性豊かな菌類の強みは，あらゆる環境に適応するタフさであり，自ら必要なエネルギーを得るためにさまざまな有機物を分解する能力を備えていることです。私たちが身のまわりで感じるにおいのなかには，そのように菌類が有機物を分解してつくられたものもあります。

秋の味覚として知られているマツタケをみていきましょう。マツタケは真菌というグループに含まれる菌です。ですから，あの独特なにおいは菌がつくったものなのです。主なにおい成分は 1-オクテン-3-オールや桂皮酸メチルです。1-オクテン-3-オールの別名は日本ではマツタケオール，ヨーロッパではマッシュルームアルコールです。その名のとおり，マツタケだけではなくマッシュルームなどほかのキノコにも含まれるにおい成分です。では，そもそもキノコは何のために 1-オクテン-3-オールをつくるのでしょうか。一説には 1-オクテン-3-オールには昆虫を誘う効果があり，引き寄せられた昆虫にキノコの胞子や菌糸が食べられる，または付着することで，自分たちの子孫を遠くまで運んでもらうためだともいわれています。昆虫に食べられると，その部分ではたくさんの 1-オクテン-3-オールがつくられます。これはキノコが食べられた部分から腐らないように，抗菌作用のある 1-オクテン-3-オールで傷口を守るためだといわれています。

微生物がつくるにおいは心地よいにおいだけとは限りません。たとえば，私たちの体のなかに棲んでいる腸内細菌は約 1,000 種類，数は 100 兆個ともいわれ，なかには腐敗臭をつくるものもあります。特に，大腸菌やウェルシュ菌，プロテウス属細菌によってアミノ酸から生成するアンモニアやインドール，フェノールが多くなると糞便臭が強くなる傾向があります。

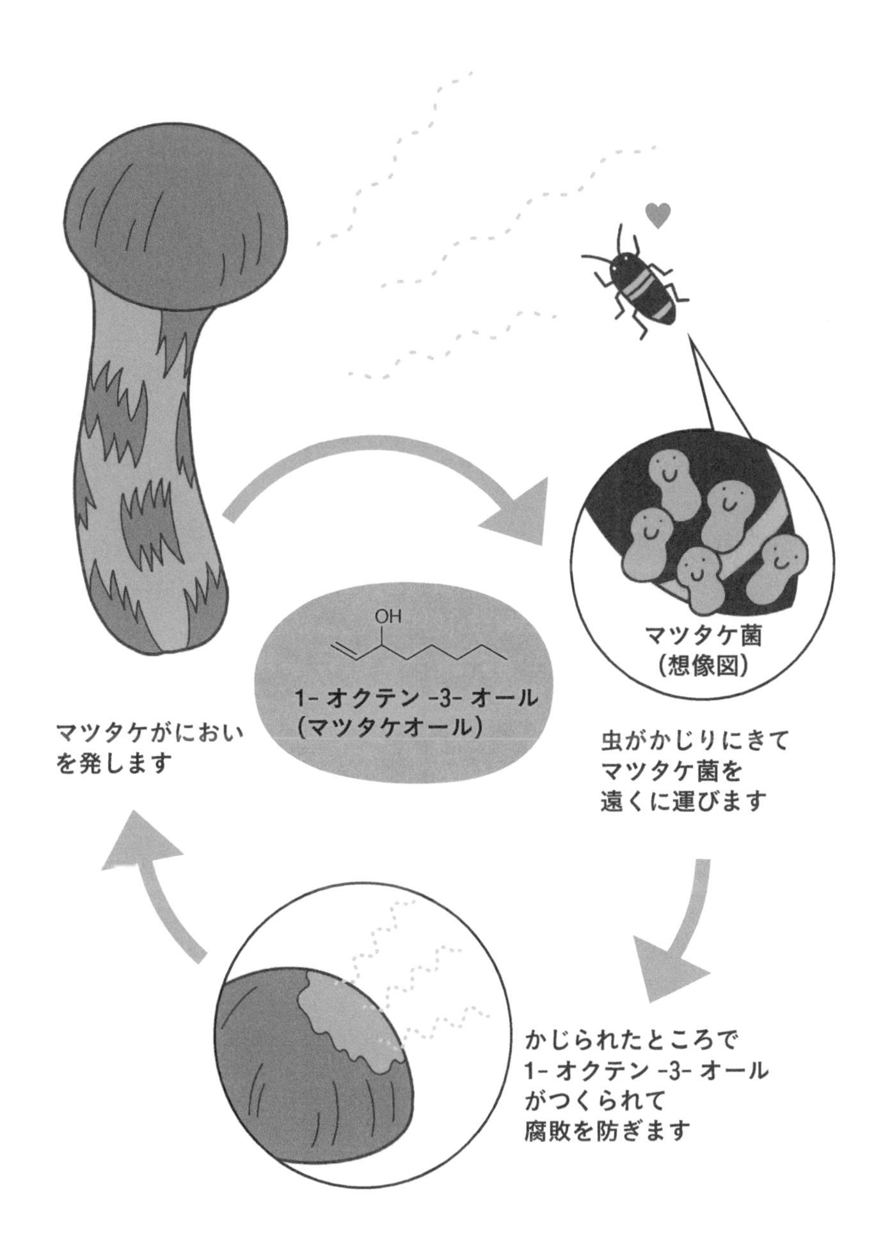
OH
1- オクテン -3- オール
(マツタケオール)
マツタケ菌
(想像図)
マツタケがにおい
を発します
虫がかじりにきて
マツタケ菌を
遠くに運びます
かじられたところで
1- オクテン -3- オール
がつくられて
腐敗を防ぎます

SECTION 1.5

においはあくまでも人間の判断

さまざまなにおい物質があるなかで，いいにおいか嫌なにおいかはどのように決まるのでしょうか。細かな好みについては人によっても違いますし，においが何に由来するものかにもよりますが，人はにおいの良し悪しを日々の経験や学習のなかで決めているといわれています。

ある研究では，バラのにおいとウンチのにおいを嗅いでどちらが心地よいか，好きか嫌いかを選んでもらうと，2歳前後では2つのにおいに差がなかったのに対して，9～12歳の児童と成人では年齢が高くなるにしたがって，バラのにおいを選ぶ割合が高くなる結果となりました。これは私たちが生まれながらにウンチのにおいを不快と感じるわけではなく，成長していくなかで不潔なにおいとして学習し，価値観として身につけた結果といえるでしょう。

また，食の場面でも同様に，過去に食べておいしかったものや，それに類似したにおいには食べても安全と無意識に判断し，いいにおいに感じます。一方，嫌なにおいには，腐敗を感じさせるにおいや刺激臭，経験したことのないにおいなどがあります。

たとえば，日本の伝統的な発酵食品である納豆を外国人が嗅いだとき，おいしそうと感じるとは限りません。海外に目を向けると，たとえばオーストラリアにはビールを製造するときの副産物である酵母エキスを原料にしたベジマイトという発酵食品があります。オーストラリアではよくパンに塗って食べられる，国民的な人気のある食品です。見ためはチョコレートペーストに似ていますが，醤油や味噌を連想させるような独特のにおいがあるためほかの国では好き嫌いがわかれます。興味のある方はぜひ挑戦してみてください。

人類が歩んできた長い歴史のほとんどは，いかに安定的に食糧を確保するかという道のりでもありました。そのため，目の前にある食糧が安全なものかそうでないか判断するうえで，においの変化に気づくことは大事なポイントでした。

食べ物が腐敗するとさまざまなにおい物質が発生します。たとえば，脂肪の分解では古くなった油のようなアルデヒドのにおい，タンパク質の分解では刺激

のあるアンモニアや卵が腐ったような硫化水素のにおい，炭水化物の分解ではツンとした有機酸のにおいなどです。こういったにおいの変化が起きている食品は，食べてしまうと健康を害する恐れがあることはいうまでもありません。しかし，特定の微生物によって，脂肪やタンパク質や炭水化物などの分解が起こると，とてもいいにおいを感じることがあります。たとえば，白菜にさまざまな菌が繁殖すると腐敗が起きますが，特定の菌（乳酸菌など）が繁殖するとおいしい漬物ができます。いいにおいや，おいしいものをつくる微生物のはたらきは，腐敗とはいわず発酵とよびます。腐敗も発酵も菌の側からみたら同じことで，いずれも菌が一生懸命生きている証拠です。人間の価値判断によって嫌われてしまう腐敗菌は切ないですが，やはり発酵でつくられる食べ物はおいしいものです。

SECTION 1.6

においの正体はこうやって調べていく

リンゴやバラ，さらにはペットのにおいなど，私たちの身のまわりにはいろいろなタイプのにおいがあります。それぞれのにおいは，そのなかに含まれるにおい物質の種類と組み合わせによって決まります。ここではどのようにその物質を調べていくのか，その方法をみていきましょう。

まずリンゴやバラからにおい物質だけをとり出します。そのためには161ページにある水蒸気蒸留法や溶剤抽出法，また，におい物質だけを吸着する特殊な樹脂を利用するなど，さまざまな専門的な方法を用います。とり出したにおい物質の集合体を，気体の成分を調べることができるガスクロマトグラフ（GC）という装置へ注入します。におい物質の集合体に含まれる数百以上のにおい成分は，カラムとよばれる数十メートルもの長さの細い管のなかを通り抜ける途中で，その構造や分子の大きさなどの性質の違いにより，ひとつひとつ分離され，化学検出器に入ります。検出器の種類によって，それぞれの量や分子の構造を解析することができます。さらに，そのにおい成分がどのようなにおいをもっているか人間の「鼻」で確かめます。通常，GCによるにおい成分の測定にかかる時間は30分から1時間ほどですが，その間ずっと分析する人がカラムの先から流れてくるひとつひとつのにおい成分のにおいを嗅ぎ続けます。人の鼻を機械のように利用して，カラムで分離されたにおい成分を直接嗅ぐ方法はGC-オルファクトメトリー（GC-O法）とよばれます。驚くことに，人の鼻は化学検出器では発見することができないほどのごくわずかなにおい成分も嗅ぎとることができます。分析装置の性能が向上しても，におい分析の世界では人の鼻という検出器が重要な役割を担っているのです。このようにして，たとえばバラのにおいにはどのような成分が含まれていて，それらの成分ひとつひとつがどのようなにおいをもっているか，ということがわかるのです。

私たちが普段何気なく嗅いでいる花や果物のにおいも，このような科学技術と人間の感覚を使って，どのような物質を含んでいるか調べることができるのです。

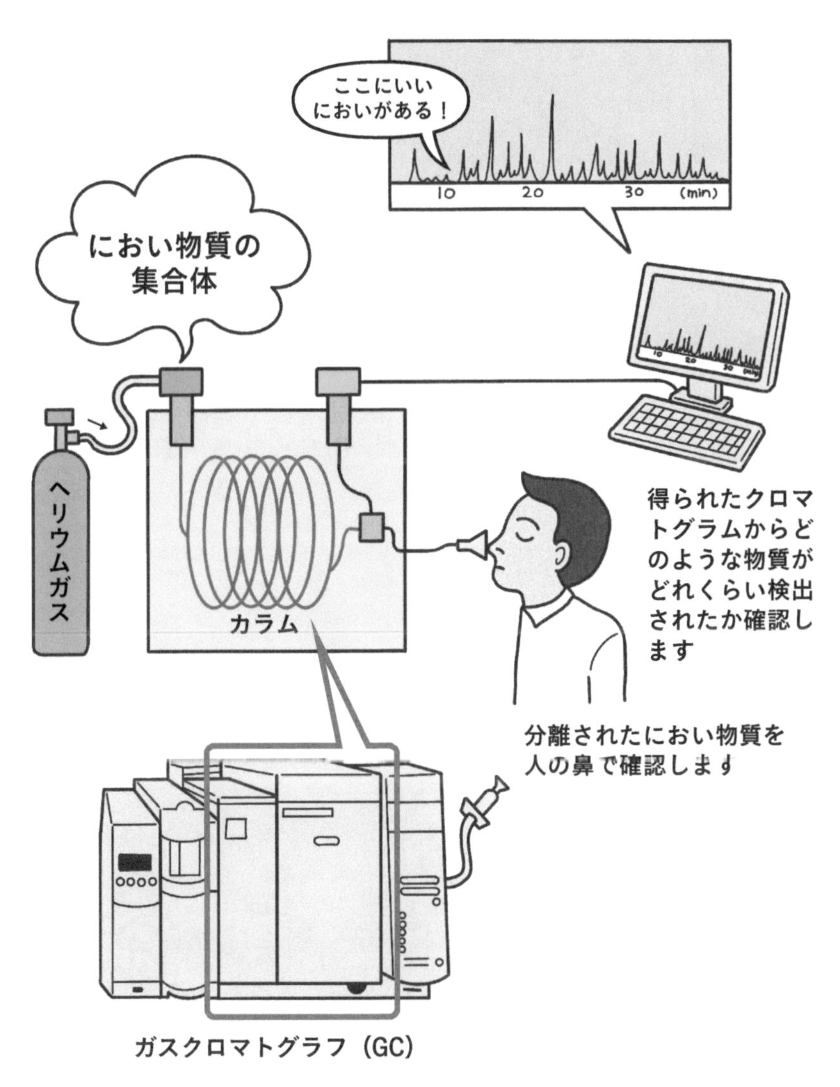

とり出したにおい物質の集合体をガスクロマトグラフに投入します

ここまで読むと，においという物質の姿が少しずつみえてきたのではないでしょうか。次の章では，日常生活において私たちはどのようなにおいに囲まれているのかを具体的にみていきましょう。

生活のなかにあるにおい

～ 一日を通して ～

生活をするうえでにおいや香りを気にすることはあまりないと思いますが，実は普段の生活のなかで，私たちはとても多くのにおいや香りに囲まれて生活をしています。

みなさん，一日の行動を想像してみてください。

朝ごはん，朝の支度，学校や仕事に向かう電車のなか，学校や会社，昼ごはん，帰り道，帰宅してからのリラックスタイムなど，さまざまなところににおいや香りがあります。この章ではそんな日常におけるにおいや香りに焦点を当ててみていきましょう。

SECTION 2.1

朝ごはん──①パン

読者のみなさんが一日のはじまりに感じるにおいは何ですか。朝ごはんのにおいを思い浮かべる人も多いのではないでしょうか。朝ごはんのなかにもさまざまなストーリーがあります。それではひとつひとつみていきましょう。

焼きたてのパンのにおいが好きな人も多いでしょう。甘く香ばしい香りは，食欲をそそると同時に幸せな気持ちにさせてくれます。実はこのようなパンのにおいには，酵母や乳酸菌による「発酵」という過程がかかわっています。この発酵過程で，酵母はもっている酵素によって小麦粉中のデンプンを分解して糖分をつくり，それを栄養源に酵母自身が生きるためのエネルギーをつくりだします。そのほかに二酸化炭素やエチルアルコール，同時に酒粕のようなにおいのイソアミルアルコールや甘い発酵感のあるにおいの2-フェニルエチルアルコールなどのにおいもつくるため，これらがパンの風味に影響を与えます。また，天然酵母を使ったパンの香りには乳酸菌が関与している場合もあります（乳酸菌については41ページのコラム参照）。市販の乾燥酵母（ドライイースト）は，酵母以外の菌が混ざらないようにつくられていますが，天然酵母は自然界から集めてくる途中で乳酸菌が混ざることがあります。乳酸菌も酵母と同様に糖分を分解してエネルギーを発生させますが，そのときにつくられるのが乳酸です。ほかにもバターのようなにおいのジアセチル，フルーティーなにおいの酢酸エチルもつくります。乳酸菌のはたらきを利用することでパンの香りはいっそう豊かになります。

このように，パンの香りは酵母や乳酸菌による発酵でつくられますが，あの甘く香ばしい香りは最後の焼き上げによって生じます。焼く前のパンのなかには，酵母や乳酸菌が分解してできた糖とアミノ酸が含まれており，これらの物質がパンを焼くときの加熱で反応し，香ばしいにおいのピロール類，ピラジン類，フラン類などのにおい物質を発生させます。

テーブルに並ぶさまざまなパンの香りには，目に見えない微生物のはたらきや化学反応がかかわっているのです。

材料
小麦粉
水
塩
乳酸菌
（天然酵母の場合）
酵母菌
発酵
2- フェニルエチル
アルコール
イソアミル
アルコール
酢酸エチル
ジアセチル
焼き上がり
ピロール類
ピラジン類
フラン類

コウジとコウボとコウソはどこが違うの？

コウジとコウボとコウソ，本書でも何度となく出てくる言葉ですが，みなさんはこれらの違いがわかりますか。コウジ（麹）は米麹や塩麹でなじみのある食品素材ですが，ここではそのもとになる麹菌についてみていきましょう。

まず，コウジ（麹菌）とコウボ（酵母菌）は真菌というグループに属する生き物であるのに対し，コウソ（酵素）はタンパク質という物質である，という大きな違いがあります。

植物以外の生き物は，栄養を摂取して生きるためのエネルギーをつくり出し，成長して子孫を残します。その過程で不要なものを排出します。これは人間も菌も同じです。このような生き物の営みを支えるのが生物のなかでつくられる酵素というタンパク質です。タンパク質とはアミノ酸が多数結合してできた物質の総称です。アミノ酸の種類や結合する順番，数により性質の異なる膨大な種類のタンパク質があります。あるものは生物の筋肉や臓器などの構造をつくったり，またあるものは体の機能を調整したり，生体のなかで重要な位置を占めている物質です。酵素は生物の体内の化学反応を手助けする役割をもつタンパク質です。ものが見えるのも，呼吸で酸素をとり込めるのも，食べ物を消化するのも，すべてさまざまな酵素のはたらきによるものなのです。

麹菌は菌糸という糸状のものを伸ばしながら成長し，胞子を形成して子孫を残すカビの一種です。米や大豆などのうえで，菌糸からデンプンやタンパク質を分解する酵素を放出して糖やアミノ酸をつくり出し，それらを栄養源として吸収します。一方，酵母菌は卵型の単細胞の菌で，親細胞から芽のようなものを出して増殖し，子孫を残します。酵母は糖やアミノ酸を栄養源として細胞内にとり込んで細胞内の酵素でそれらを消化しエネルギーを得て，そのときにエチルアルコールや二酸化炭素やにおい物質を排出します。

私たち人間は菌のもつこのような性質を利用して，古くからさまざまな発酵食品をつくってきました。醤油や味噌の深い味わい，香り高いお酒，ふっくら膨らんだパンなどは，麹菌や酵母，そしてそれらがつくり出した酵素のおかげなのです。特に麹菌は，長年の研究により安全性も確認され，日本の食文化に欠かせない菌として2006年に国菌と認定されました。

生き物

真菌

多細胞
菌糸体をもつ（カビ）
麹　菌

単細胞
菌糸体をもたない
酵母菌

生き物ではない

タンパク質

生物の体内で
化学変化を手助けする
酵　素

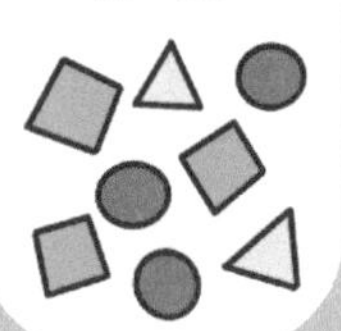

豆や米などに繁殖した麹菌は菌糸から酵素を出し，周囲のデンプンやタンパク質を分解し，糖やアミノ酸をつくり出します。

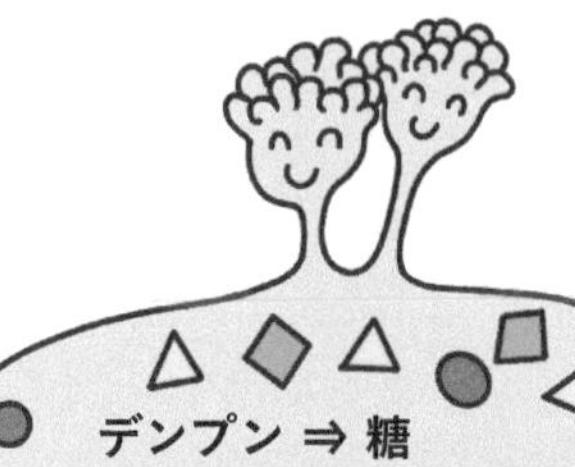

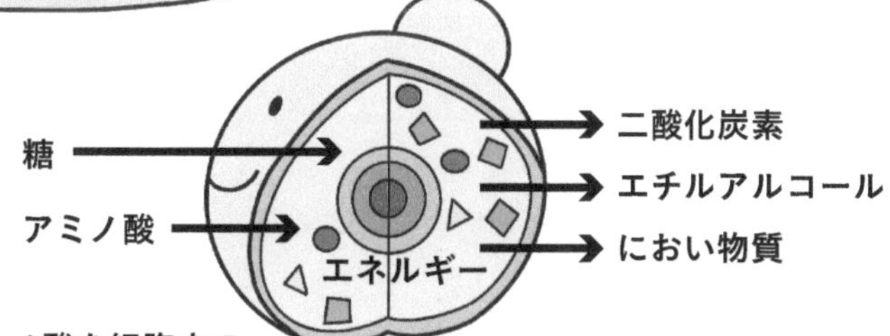

酵母菌は糖やアミノ酸を細胞内の酵素で消化してエネルギーをつくり出し，二酸化炭素やエチルアルコール，におい物質を排出します。

② ヨーグルト

洋風の朝ごはんの食卓ですっかり定番となったヨーグルト。みなさんはプレーン派，それともフルーツミックス派ですか。

一般に，ヨーグルトは脱脂粉乳などの乳原料を乳酸菌やビフィズス菌で発酵させて製造します。これらの乳酸菌やビフィズス菌が増殖するときに，乳原料に含まれるタンパク質や糖を分解することで酸味のもとになる乳酸や，さまざまなにおい物質がつくられるため，風味豊かなヨーグルトができるのです。

みなさんは乳酸菌と聞いてどのようなイメージをもつでしょうか。コマーシャルなどで丸いかたちや棒のかたちをした乳酸菌が動いている姿を見たことがありませんか。実は乳酸菌という菌がいるわけではなく，同じような特徴をもつ微生物グループの総称なのです。

ヨーグルトの製造に使用される乳酸菌は，これまで乳業メーカーが長年の研究を通して選抜しているものだけに，おいしい風味だけではなく，腸内環境を整える作用や免疫を活性化する作用があるなど，体によい効果を与えてくれる私たちの強い味方です。そのような乳酸菌を1種類だけ用いてヨーグルトを製造することもできますが，複数の相性のよい種類を組み合わせることで発酵時間が短縮され，におい物質の生産が促進されることもあります。

乳酸菌やビフィズス菌が生み出す主なにおい物質には，アセトアルデヒドやアセトイン，ジアセチルがあります。アセトアルデヒドは乳酸菌が糖を分解してつくる物質で，フレッシュ感のあるにおいがします。アセトインやジアセチルは主にクエン酸という物質を乳酸菌が分解することでつくられます。これらのにおい物質はヨーグルトのこってり甘いクリームのようなにおいを強めます。ヨーグルトの風味は，乳原料や乳酸菌の種類によっても大きく異なり，とても奥の深い食品です。店頭にはさまざまなヨーグルトが販売されているので，自分の好みに合ったヨーグルトを探してみませんか。

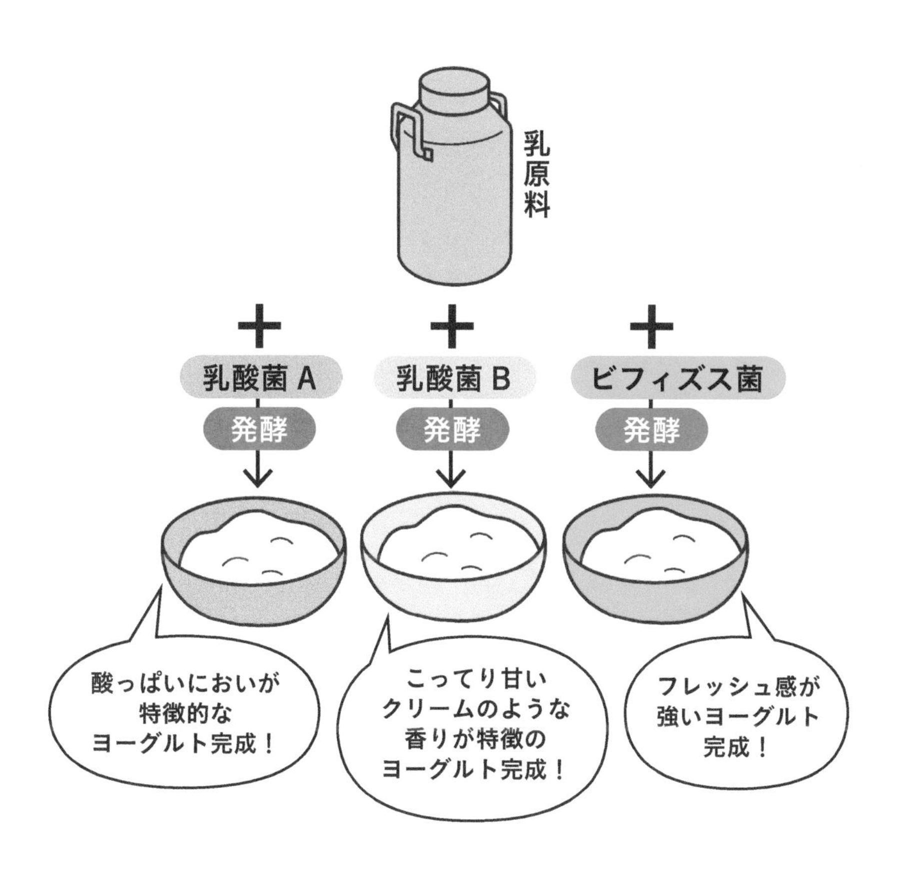

column

乳酸菌とビフィズス菌

乳酸菌とビフィズス菌はどちらもヨーグルトをつくるときに利用される菌ですが，実は少し違いがあります。乳酸菌に分類される重要なポイントは，ブドウ糖の消費量に対して50％以上の乳酸をつくるかどうかということです。ビフィズス菌もブドウ糖を分解して乳酸をつくりますが，酢酸などもつくるため，乳酸の量は50％以下となり，乳酸菌とは別のグループとして考えられています。

③ 醤油

和風の朝ごはんにつきものの卵焼き，そのまま食べてもおいしいですが，少し醤油を落とすとよりいっそうおいしさが膨らみます。

醤油は味噌や納豆と同じく大豆を原料とする日本の伝統的な発酵食品で，大豆に含まれるタンパク質の一部がアミノ酸に分解されることで，うま味や食欲を刺激する風味がつくり出されます。また，そのにおいは数多くのにおい物質から構成されたもので，私たちはそれを「醤油のにおい」として認識しています。

醤油は原料として大豆と小麦を混ぜたものに麹菌を加えてつくられます。

醤油造りでは昔から「一麹，二櫂，三火入れ」が重要であるとされていますが，これは麹菌がもつ酵素によるタンパク質の分解，櫂棒を用いた発酵工程の管理，火入れ（加熱）による風味づけ，という一連の繊細かつ複雑な技術を表した言葉だといえるでしょう。

麹菌は日本酒や味噌をつくるときにも使われる菌で，日本の食文化には欠かせない存在です。この麹菌が増殖した後に食塩水を加えると「もろみ（諸味）」ができます。もろみはその後，乳酸菌や酵母の力を借りてさらに熟成されていきます。最後に，熟成されたもろみを搾って得られる生醤油に火入れを行い，殺菌と同時に香ばしい香りづけをします。その後，容器に詰めて店に並んでいる醤油ができあがります。菌が生きたままでは時間の経過とともに醤油の品質が変わっておいしくなくなってしまうため，殺菌は必要な工程です。

醤油のにおいを分析すると数百種類ものにおい成分が見つかります。特に，もろみ熟成時の酵母による発酵工程や，最後の火入れによって醤油のおいしさにかかわるさまざまなにおい物質が生成します。なかでも最も重要なのは甘く香ばしい綿菓子のようなにおいの2,5-ジメチル-4-ヒドロキシ-3(2*H*)-フラノンや，甘いお菓子のようなにおいの2-エチル-4-ヒドロキシ-5-メチル-3(2*H*)-フラノンといったにおい物質です。これらの物質には塩味をやわらげる効果もあり，醤油の風味にも大きな影響を及ぼします。薬のようなにおいの4-エチルフェノールや煙で燻したようなにおいの4-エチルグアイヤコールも醤油の特徴的なにおいに欠かせません。そのほか，多くのフルーツにも含まれる酢酸エ

チルやバラのようなにおいの2-フェニルエチルアルコール，チョコレートのようなにおいのイソバレルアルデヒドなど，多くのにおい物質の組み合わせとバランスで，私たちは醤油のにおいを感じているのです。

4 納豆

朝の食卓には，白飯と味噌汁に卵焼き，そして納豆でしょうか。納豆は，大豆に含まれる質のよいタンパク質に加えて，ナットウキナーゼのような血栓を溶解するはたらきのある納豆特有の成分も含む，栄養豊富な発酵食品です。

納豆の製造方法は，まず大豆を水に浸して十分に吸水させて蒸し煮を行います。その後，冷ましてから納豆菌をふりかけ，40 ～ 45℃で約 24 時間発酵させると，独特のにおいと粘りが生まれます。

納豆は古くから日本人の食生活を支えてきたタンパク源のひとつですが，好みの分かれる発酵食品の代表ともいえます。好みが分かれる原因のひとつにその独特なにおいが関係しています。納豆の特徴的なにおい成分は，チーズのようなにおいのイソ吉草酸，蒸れた不快臭のイソ酪酸，ローストナッツのようなにおいの 2,5-ジメチルピラジンなどがあります。納豆が苦手という場合はイソ吉草酸やイソ酪酸などのにおいが原因かもしれません。これらの物質は，納豆菌の作用により大豆のタンパク質が分解されてアミノ酸（ロイシンやバリン）がつくられ，さらにそのアミノ酸が変化することで生じます。納豆を製造するメーカーのなかにはこれらの物質をつくらないような納豆菌を見つけ出し，においの少ない納豆の開発を進めているところもあります。また，製造してから日が経ってくると納豆菌による発酵が進みすぎて，不快なアンモニア臭が生成してくることがあります。アンモニアが生成しにくい納豆菌の探索と開発も進められていますが，納豆をおいしく食べるためには購入後になるべく早く食べるほうがよさそうです。

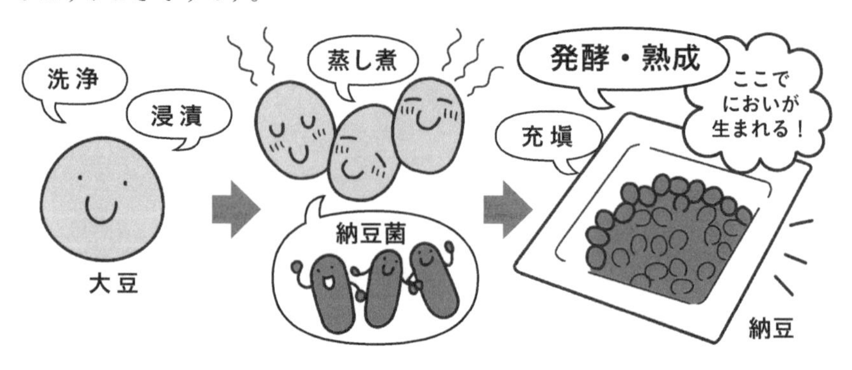

納豆菌は戦略家？

糸引納豆の表面は納豆菌とともにねばねばした物質で覆われています。その主成分はγ-ポリグルタミン酸というグルタミン酸（アミノ酸の一種）が鎖状に結合してできた物質です。

納豆菌はなぜγ-ポリグルタミン酸をつくるのでしょうか。納豆菌は，大豆を栄養源として最初はどんどん増殖しますが，栄養が少なくなってくると，残りの栄養を他の菌が食べにくいねばねばしたγ-ポリグルタミン酸に変えることで自らの栄養を確保します。このように，納豆菌は周囲の状況を敏感に察して緻密な生存策を図る「戦略家」の一面をもっています。

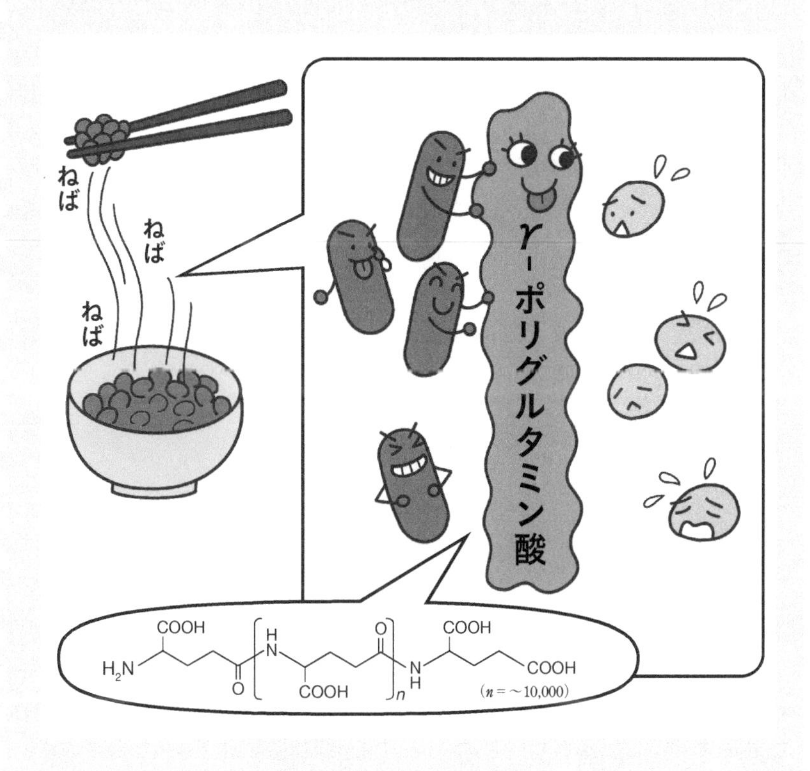

SECTION 2.2

通勤・通学 ―❶家から駅まで～身近な植物

朝食をすませて身支度を整えたら，みなさんいろいろな場所に向かうでしょう。家から学校や会社に向かう道の途中で，ほのかに優しいにおいを感じることはありませんか。ここでは季節を追って花などの香りをみていきましょう。

1月が終わる頃，ウメの花がだんだんと咲きはじめると，3月頃まで花を楽しむことができます。花は白色や紅色，淡紅色，一重や八重咲きなどさまざまで，たくさんの園芸品種が開発されています。白梅の香りは華やかな酢酸ベンジルが特徴で，みずみずしいフルーツの香りやバニリンの甘い香りをあわせもちます。淡紅梅はそれよりどっしりとした，クローブのようなスパイシーなにおいのオイゲノールが加わった落ち着いた香りです。また，紅梅はシナモンのようなにおいの酢酸シンナミル，シンナムアルデヒドなどが特徴となり，独特の甘い香りを強く感じさせます。

3～4月の春の気配を感じる頃になると，ジンチョウゲの花の香りが道端や公園に漂います。枝先に集まった花の姿が小さなブーケのように見えますが，花のように見えるのは萼(がく)です。さわやかな花のにおいのリナロールやレモンのにおいのシトラールなどが特徴的なにおい成分で，小さくても遠くまで届く強い香りを放ちます。同じ頃ににおいを感じる植物にハクモクレンやコブシなどもあります。

春はサクラの季節でもあります。しかしサクラの木に近づいてもにおいはあまり感じないでしょう。実は日本でいちばん多く植えられているソメイヨシノの花にはほとんどにおいがありません。日本にはサクラの品種は250種以上あるといわれ，そのなかにはにおいのあるサクラも含まれます。オオシマザクラは花の香りが強い種類として代表的なものです。オオシマザクラの花はリナロールのさわやかなにおいで，サクランボを連想させる香りも感じられます。オオシマザクラの葉は塩漬けして桜餅に使われますが，桜餅独特の粉っぽく甘い香りは花や葉の組織が壊れてできるクマリンという成分によるものです。

5月頃になると，さまざまな花の香りに出合います。甘くて強い香りを放つ

香り
ウメ
香り
香り
香り
ジャスミン
香り
香り
香り
ジンチョウゲ
香り
香り

のはハゴロモジャスミンです。香りを頼りに探してみると，民家や公園の壁伝いに覆うように咲いている，白くかわいらしい花を見つけることができます。ジャスミンの香りをかたちづくる重要な成分としてインドールがあります。高濃度のインドールは糞便のようなにおいがしますが，低濃度では不思議なことにジャスミンを連想させるにおいになります。

さらに5月には，あちこちの家の庭先でいろいろな種類のバラが咲きはじめます。バラは古くから園芸植物として親しまれ，現在その品種は5万種以上あるともいわれています。バラの香りは芳醇で，ハチミツのような甘さを感じる2-フェニルエチルアルコール，柑橘(かんきつ)類を思い起こさせるさわやかなにおいのゲラニオールやシトロネロールなどの成分が組み合わされ，甘さとみずみずしさを兼ね備えた心地よい香りがつくり出されています。バラの香りは品種によってさまざまで，香りが強い品種もあれば強くない品種もあります。

同じ時期，陽の当たらない庭先にひっそりと咲くのはスズランです。日本で一般的に栽培されているのはヨーロッパ原産のドイツスズランで，日本原産（日本を含む東アジアに分布）のスズランと比べて葉や花が大きくて香りも強く，簡単に育てることができます。スズランからはバラのさわやかさやヒヤシンスのような独特の香り，ジャスミンのようなインパクトのある香りなど，さまざまな要素を感じます。主なにおい成分はシトロネロールやシンナミルアルコール，インドールです。

梅雨に差しかかる時期になると，どこからか濃厚な香りが漂ってきます。フルーツのようなみずみずしいチグリン酸(*Z*)-3-ヘキセニルや，葉っぱのような香りの(*Z*)-3-ヘキセノールなど，その香りの正体はクチナシの花です。花は白色で，花びらが6枚のものや，重なった八重咲きの種類もあります。熱帯アジア地域や南アフリカを起源とする花ですが，中国や日本にも分布しています。日本では庭先に栽培されていることが多く，香りの豊かな花としてもよく知られています。

初秋の頃，家を出るとどこからともなくよいにおいがします。甘い香りに誘われていくと，オレンジ色の小さな花を無数につけた木を見つけました。秋の香りの代名詞ともいえるキンモクセイです。モモを思わせるやわらかいフルーツのようなにおいのγ-デカラクトンや，華やかで力強く厚みのあるイオノン

香り
香り
香り
バラ
香り
香り
香り
キンモクセイ
香り
スズラン
香り

類などがそのにおいの特徴で，9～10月にかけて香りを漂わせます。キンモクセイとジンチョウゲは姿は見えなくとも広くにおいが漂い，街中に季節の訪れを感じさせてくれることから，中国ではジンチョウゲは七里香，キンモクセイは九里香ともよばれています。

秋が深まった頃，公園を通りかかるとイチョウの木がありました。足元には丸い実が落ちています。同じく秋のにおいとしてなじみ深い銀杏（ぎんなん）です。黄色く熟した実の外皮が，チーズや納豆を思わせるようなイソ吉草酸などのにおいを放ちます。実をつけるのは雌木だけで，銀杏のにおいや道が汚れるのを避けるため，街路樹にはできるだけ雄木が植えられています。

冬になると多くの植物は活動を休止します。そんな真冬の時期に花を咲かせ，強いにおいを放つのがロウバイです。ウメに似たかたちをしていて，蝋（ろう）細工のように透き通った花弁の様子からその名がついたといわれています。ジャスミンの花のにおいを思い起こさせる酢酸ベンジルやインドール，さわやかなにおいのリナロールなどの成分が特徴的な，やさしく清潔感のある香りです。ロウバイ（蝋梅）という名前ですが，ウメとは品種も香りも異なります。

イチョウ並木

香りを少し気にかけて街を歩いてみると，四季折々，さまざまな植物があることに気付かされます。

column

香りで春を感じる

サクラのなかにはその花の姿だけではなく，香りで春の訪れを感じさせてくれる品種があります。入学式など私たちの新しい節目の時期に咲くサクラを３月の卒業シーズンに咲かせることができれば，という思いで開発されたのが2000年に新たに品種登録された「春めき」です。春めきは早咲きであることと，花が密集して咲く華やかな見ためだけではなく，香りも特徴的です。バラのような甘い花の香りをはじめとして，サクランボを思い起こさせるフルーツのような香り，少し粉っぽい香りの要素ももっています。春を迎える頃，休日を利用して香りが豊かな種類のサクラを探しに行ってみてはいかがでしょうか。

春の訪れを感じるサクラ

2 電車のなかのにおい

街路樹の香りを楽しんで駅に着きました。一歩電車に乗り込むと，ここにもいろいろなにおいが満ちています。

道を歩いているときや，大きな建物のなかにいると気がつきにくいのですが，電車のような狭い空間では人と人との距離が近いため，さまざまなにおいを感じます。

電車に乗り込むと，かすかに石鹸のいいにおいがします。でも電車が動き出すと空気の流れに合わせて少し脂っぽいような，甘いような，それでいて鼻を刺激するようにも感じます。座っている人からも同じようににおいがしますが，それぞれ違います。ヒトの身体から漂うにおい，いわゆる体臭とよばれるものは人ごとに異なります。体臭としては，脂っぽいにおいの2-ノネナールやジアセチルなどのにおい物質が加齢により増えてくるといわれています。しかし，必ずしも毎日同じにおいがするわけではありません。体臭にはその人固有のにおいだけではなく，その日の体調や食べた物，気温などさまざまな要因がかかわっています。

次はどこからかデパートの化粧品売り場に立ち入ったような，濃厚で複雑な香りがしてきました。少し遠くに香水をつけている人が座っているようです。香水は香りが強く，遠くまで香りが広がっていくことがあります。日本では欧米に比べ香水の使用が一般的ではありません。これは日本人の多くが属するモンゴロイドという人種の体臭がもともと弱く，さらに無臭を好む文化的な背景があるためと考えられます。においを意識していなかったときに急に濃厚な香水の香りが現れ，ハッと驚いたことのある人も多いのではないでしょうか。女性用では花や果物のような香りがするもの，男性用では柑橘類やウッディ，スパイシーな香りが好まれます。

電車が揺れて隣の人の長い髪から，ふんわりと甘く花やフルーツを思わせる濃厚な香りがしてきました。髪の毛を洗うとシャンプーやコンディショナーなどの香りが髪に残ります。髪に残っているのは洗いたての香りではなく，一晩経過した香りです。そのため洗いたてのみずみずしい香りとは異なり，甘さや濃厚感のある香りをよく感じるのです。もちろん，さきほどの人と自分の髪は

体のにおい
髪の毛
のにおい
衣装箪笥
や整髪剤
のにおい
香水や
化粧品
のにおい

同じにおいはしません。それはシャンプーやコンディショナーはどれも同じ香りではなく，商品ごとに香りが異なるためです。

ヒトの身体から感じられるにおいの話をしましたが，そのほかにも私たちが普段身に着けているものや持っているものにもにおいがあります。衣類からもにおいがすることに気づきます。洗濯用洗剤や柔軟剤に使われている香りが繊維に残り，乾いた後も香りが漂っています。海外製の香りの強い柔軟剤がヒットしてから，日本でも洗った後の香りが重視された柔軟剤の人気が高まり，多くの人が使うようになりました。香りが強いものも多く，少し距離が離れていても香りを感じることがあります。

今では少なくなりましたが，電車で新聞や本を読んでいる人を見かけます。新聞紙からは乾いた木のようなにおいと油っぽいにおいが入り混じった，独特のにおいがします。これは新聞紙の主原料である古紙などの原料パルプににおいがあり，また印刷に使用するインクにもにおいがあるためです。パルプの原材料は木材であるため，木材由来のにおいや加工の際に発生するにおいなどが紙に残ります。そのため新聞紙のにおいと一口にいってもさまざまなにおいの集合体であることがわかります。

電車のなかは由来の異なるさまざまなにおいがあります。特に満員電車ではまわりの人との距離が近く，においが気になるものです。香りの感じ方は個人差が大きく，自分はお気に入りのにおいでも，必ずしもまわりの人も気に入るとは限りません。たとえばバラの花の香りも，ふんわり香ると心地よいのに，強すぎると不快になることもあります。エチケットを守って，お互いが気持ちよく過ごせるようにしたいものです。

シャンプー
のにおい
インクや
パルプ
のにおい
革製品
のにおい
柔軟剤
のにおい

SECTION
2.3 帰宅途中 ─①スポーツで汗をかいたら

学校や会社からの帰り道，今日はどこかへ寄り道でしょうか。電車に乗って行く先はスポーツジム？体を動かすのは気持ちがいいですよね。

人はスポーツなどで体を動かすとたくさん汗をかきます。スポーツの後や汗をかきやすい季節には，体臭が気になる人も多いでしょう。人間の皮膚には皮膚常在菌とよばれる菌が多く棲みついています。汗のにおいの多くはこれらの菌によって汗や皮脂に含まれる成分が分解されることで発生します。体臭が発生しやすいのは，頭，耳，脇，足などですが，これらの箇所にはエクリン汗腺，アポクリン汗腺，皮脂腺とよばれる汗腺や分泌腺が集中しています。特にアポクリン汗腺から分泌される汗には，においのもとになるタンパク質や脂肪などが多く含まれ，皮膚常在菌によりつくり出されるにおい物質も多くなります。

頭皮では皮脂腺や汗腺から分泌される皮脂や汗が乾燥を防いでいますが，においの原因にもなっています。頭から感じるにおいには，脂っぽいにおいや，発酵食品のような酸っぱいにおいがあります。脂っぽいにおいには2-ノネナールが，酸っぱいにおいにはジアセチルや酢酸などのにおい物質がかかわっています。

脇から発生する特有のにおいはワキガともよばれ，体臭のなかでも強いもののひとつです。脇の下にも皮脂腺と汗腺が集中しており，体温により皮膚常在菌が活動しやすい温度が保たれているため，皮脂や汗から多くのにおい物質がつくり出されます。汗のような酸っぱいにおいがすることが多いですが，カレーを思わせるスパイシーなにおいなど，人によって異なることがわかっています。また，人種による違いがあることもわかっています。無臭を好む日本人はワキガを特別なものとして扱う一方で，海外ではそもそもワキガという概念がありません。

スポーツをすると体以外からのにおいも気になりますね。たとえばスポーツシューズは汗による湿気が残り，長い間履き続けると，靴のなかで汗や皮脂などの分泌物が皮膚常在菌で分解され，蒸れた足の酸っぱいにおいが発生します。

頭
耳
脇
足
皮膚常在菌
プロピオニバクテリア（アクネ菌）
ブドウ球菌（表皮ブドウ球菌）
など
皮膚を拡大すると…
汗
汗
汗
表皮
皮脂腺
真皮
アポクリン汗腺
エクリン汗腺
アポクリン汗腺から出る汗には
タンパク質や脂肪が多く含まれます
皮下脂肪

汗をかいた後のスポーツウェアやタオルは，そのままにしておくと別のタイプの蒸れた刺激のあるにおいが発生します。これは梅雨の時期や雨が降り続いたときに室内で干した洗濯物のにおいに似ています。布に残った細菌が皮脂や水分をもとにつくり出すこの不快なにおいの成分として，4-メチル-3-ヘキセン酸などが知られています。これらのほかに剣道の防具や野球のグローブなど，使用する道具からもにおいが発生します。これらの道具を手入れせずに放置してしまうと，酸っぱいにおいだけではなくカビ臭いにおいが発生してしまうこともありますが，使用後は陰干しや風通しのよいところで乾燥させるとカビの発生を抑えることができます。

運動で汗をかくのは気持ちのよいものですが，それに伴い発生するにおいは少し気になります。においのもととなる汗や皮脂汚れを早めに落とすことが基本ですが，消臭グッズや制汗グッズを上手に使うことも有効でしょう。

使用後は陰干し，または風通しのよいところで乾燥させましょう

足のにおいと納豆

人間は，体温を調節するためにさまざまな部分から汗をかきます。顔や背中だけではなく，「足の裏」もそのひとつです。実は，普段の生活をしていても思いのほか足の裏は汗をかいています。汗の成分は99%が水分で，汗をかいた直後はほとんどにおいがありませんが，足の裏に棲みついている皮膚常在菌によって汗や皮脂，垢(あか)などに含まれるアミノ酸が分解されます。菌類はその過程でイソ吉草酸を含む不快なにおいをつくるのですが，この成分は納豆のにおいを特徴づけている成分でもあります。

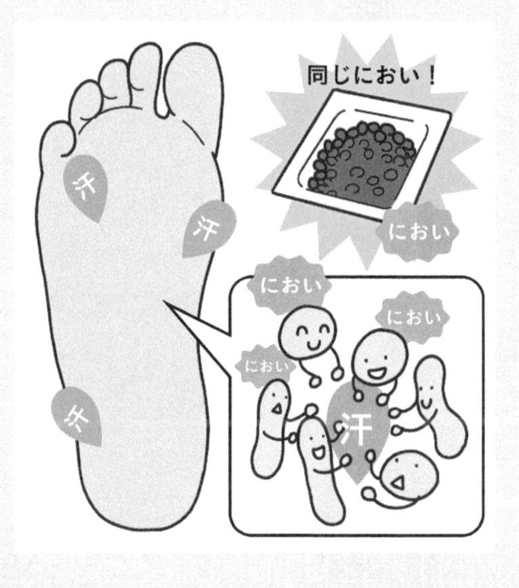

足のにおいを抑えるために皮膚常在菌を少なくすることも対策のひとつですが，まったくいなくなってしまうと困ることもあります。なぜなら，これらの皮膚常在菌は私たちの健康を守ってくれるはたらきもあるからです。主な皮膚常在菌として，プロピオニバクテリア（アクネ菌）やブドウ球菌（表皮ブドウ球菌）が知られています。これらの菌類が皮脂を分解してグリセリンや脂肪酸をつくり，皮膚の表面を弱酸性に保つはたらきや危害を及ぼす菌の増殖を防ぐはたらきがあります。つまり，私たちの体は目に見えない菌類に対して棲む場所を提供する代わりに，外部からの侵入者を防いでもらっていると考えることができます。このような菌類との共存は，私たちの皮膚上だけではなく，腸内でも同じような関係が存在しています。最近注目されている腸内細菌は，私たちが健康を保つ手助けをしてくれているのです。

このように，ヒトと菌類が共存することは，私たちにおおいに恩恵をもたらしてくれます。多少のにおいはおまけとして我慢しませんか。

② 家のなかのにおい

いっしょに運動をしてきた友達の家に寄りました。ここでも嗅ぎなれないにおいに気がつきます。

普段，自分の家のなかのにおいを意識することはあまりないかもしれません。人間は同じにおいを嗅ぎ続けているとなれてしまい，そのにおいを感じなくなります。しかし，たまに訪れるよその家のにおいには敏感に気づきます。それでは家のなかではどのようなにおいがするのかみていきましょう。

玄関には靴やサンダルが置いてあります。革やゴムなどの素材のにおいや，靴をつくるときに使用される接着剤の油っぽいにおい，靴のなかに溜まった皮脂等が微生物などに代謝されて発生した酸っぱいにおいなど，さまざまなにおいがします。また，傘や長靴などの雨具は乾燥させずに置いておくと，カビなどの微生物が繁殖します。カビはジオスミンや2-メチルイソボルネオールなど，いわゆる「カビ臭い」におい物質を発生します。また，微生物がつくり出す，酸っぱいにおいも発生します。

最近は，キッチンとリビングやダイニングがつながった間取りの家も多く，調理中のにおいが流れてしまうことがあります。リビングは人が滞在する時間が長く，人の体臭が残ることも多いので，皮脂や体臭，食事のにおいがカーテンやソファーに付着して染みついてしまうこともあります。

家のなかには心地よいにおいもあります。日本の家屋は木造が多く，柱や梁などに多く使用されている木材のにおいを感じることがあります。日本建築で古くから用いられてきたヒノキは，心地よいにおいがすることで重宝されて，建材としてだけではなく，風呂桶や椅子（いす），大きな浴槽にも使われてきました。ヒノキからはヒノキチオールというにおい成分やそれ以外にもいくつかの心地よいにおいのする成分が知られています。

また家のなかではよい香りを空間に広げる芳香剤を使うこともあります。以前は，芳香剤は家のなかの不快臭を感じにくくする目的で使用されていましたが，近頃では香りを楽しむ目的で使用することも増えてきました。芳香剤には花や果物，柑橘（かんきつ）類やハーブなど，自然な香りだけではなく，香水や石鹸（せっけん）のような香りがするものもあります。このほかに，家のなかの気になるにおいを感じ

にくくするためのさまざまな消臭・防臭グッズも販売されています。

SECTION 2.4

商店街のにおい ―❶焼き鳥屋さん

夕暮れ時，駅前の商店街を歩いていると，あちらこちらから食欲をそそるにおいが漂ってきます。お肉屋さんからはコロッケなど揚げ物のにおい，ラーメン屋さんからは煮干しや豚骨が効いたスープのにおいなど，空腹時にはたまらないさまざまなにおいであふれ返っています。すると，どこからともなく炭火の煙とともにおいしそうなにおいが漂ってきました。焼き鳥屋さんです。

お店に一歩足を踏み入れるとさらににおいが充満しています。ではこの焼き鳥のにおいはどのように発生しているのでしょう。

焼き鳥には，むね肉，もも肉，皮，砂肝，ぼんじり，せせり，はつ，レバー，手羽先など，さまざまな部位が使われています。肉は生のままでは血の生臭いにおいや獣臭いにおいしか感じませんが，加熱するとおいしそうなにおいが発生します。特に焼き鳥のように熱々の炭火でジュージュー焼かれると，肉やタレから香ばしく食欲をそそられるにおいがあふれだしてきます。炭火で焼くことで，鶏肉に含まれる脂肪やタンパク質が分解されたり，鶏肉やネギ，タレなどに含まれる糖とアミノ酸も加熱され，さまざまなにおい物質が生じます。塩味よりもタレ味に食欲がそそられるにおいを強く感じるのは，加熱されたタレからにおい物質がよりいっそう発生するためです。

鶏肉からは焼いた肉そのもののにおいの2-メチルフラン-3-チオールや，脂肪のようなにおいの(2*E*,4*E*)-2,4-デカジエナールという物質が生じます。タレからは綿菓子のような甘いにおいの2,5-ジメチル-4-ヒドロキシ-3(2*H*)-フラノン，チョコレートのようなにおいのイソバレルアルデヒド，ほくほくしたジャガイモのようなにおいのメチオナールなどの物質が生じます。焼き色がついた肉の表面からは香ばしいナッツのようなにおいがする2-エチル-3,5-ジメチルピラジンといったにおい物質が生じています。そのほかにも何百という物質の組み合わせとバランスで構成されたものを「炭火で焼いた焼き鳥のおいしそうなにおい」として私たちは認識しています。これは牛肉や豚肉などのほかの肉でも同じことがいえます。タレや香辛料をつけた肉は焼くことで多くのにおい物質が発生してくるのです。

炭火焼はなぜおいしいの？

焼き鳥はもちろんバーベキューなど炭火で焼いた肉料理はおいしいですね。

炭火の燃料となる炭は，煙や炎を出さず，赤外線による輻射熱で食材を焼き上げます。輻射熱とは，高温の固体表面（炭）から低温の固体表面（食材）に，その間にある空気など気体の存在に関係なく，直接電磁波のかたちで伝わる熱のことです。ガスでの調理と異なり燃焼ガスに水分を含まないため，外側がパリッと焼き上がります。それでいて短時間で中までよく火が通るので，食材のうま味を逃がさず，ジューシーに仕上がっておいしく焼けるのです。

② コーヒーショップ

商店街を歩き，コーヒーショップの前を通ると，挽いたコーヒー豆の甘く香ばしいにおいがしてきます。あの香ばしいにおいの正体はいったい何なのでしょうか？ここでは世界中で飲まれているコーヒーのにおいについてみていきましょう。

コーヒー豆は果実の種子で，生のときはゴボウのような，根っこや土のようなにおいがします。生の豆を焙煎して初めて私たちが嗅いでいる，あの甘く香ばしいにおいが発生してきます。煎餅（せんべい）のような香ばしいにおいのフルフリルメルカプタン，綿菓子のような甘いにおいの2,5-ジメチル-4-ヒドロキシ-3(2*H*)-フラノン，燻製をした際の煙臭さのあるグアイヤコールなどのにおい成分があり，その数は全部で1,000種類あるともいわれています。さらにこれらの焙煎豆から抽出した飲み物としてのコーヒーのにおい成分は品種や産地，焙煎度，淹れ方（ペーパードリップや水出し，エスプレッソ）などによっても成分バランスが異なってきます。

たとえば，深煎りの場合はフルフリルメルカプタンやグアイヤコールが多く，また苦味も強いため，多くの方が想像するような苦く香ばしい印象の風味になります。一方，浅煎りの場合2,5-ジメチル-4-ヒドロキシ-3(2*H*)-フラノンは深煎りよりやや多いもののフルフリルメルカプタンやグアイヤコールの量は少なくなります。苦味が弱く，酸味が強いことも相まって，フルーツを思わせるような風味になるのが特徴です。

近年，産地はもちろん，農園にもこだわり，さらにそのコーヒーに適した焙煎を施しておいしさを追求するスペシャルティコーヒーを提供するカフェが増えてきています。これらのカフェでは，浅煎りや中煎りの豆を使うことによってコーヒーの風味の特徴を引き出しています。それは深く煎るにつれて苦く甘く香ばしい風味が，その豆の特徴よりも強くなるからです。

焙煎度による風味の違いをみてきましたが，コーヒーの「おいしい風味」は人それぞれ異なります。もともとコーヒーは好きではなかったけれど，おいしいコーヒーに出合ってから好みが変わり，今では毎日コーヒーを飲むようになった人もいます。「苦くないとコーヒーではない」という人もいれば，「浅い

焙煎のコーヒーが好き」という人もいます。豆の産地や種類，焙煎度合いの異なるコーヒーを楽しむことができます。ぜひいろいろなコーヒーを飲み比べて風味の違いを味わってみてください。

SECTION
2.5 夕ごはん
―❶すき焼き：肉を焼いたにおい

今日の夕ごはんはちょっと豪華に「すき焼き」です。それも関西風につくってみましょう。

まず，軽く熱した鍋に牛脂を溶かし，牛肉を並べ，砂糖をふりかけてから少し火を入れます。色が褐色に変わってきたら醤油や割り下を少しかけて頬張ると，牛肉の甘さや香ばしさ，何ともいえないおいしさが口のなかに広がります。その後は，さらに肉や野菜も加えて軽く煮ていくと箸が止まらないおいしさです。

では，この魅力的な香りはどのように生まれているのでしょうか？まず，生の肉を嗅いでみると，血の生臭さしか感じません。ですが肉を焼くと，とても香ばしいにおいがたってきます。ここで起こっているのが「メイラード反応」です。メイラード反応とは，炭水化物や砂糖の成分である糖（還元糖）と，タンパク質を構成するペプチドやアミノ酸などのアミノ化合物がいっしょに加熱されることで起こる複雑な反応です。この複雑な反応をくり返しながら数百から千種類にも及ぶ，香ばしく豊かな香りの物質と魅力的な褐色の焼き色を生み出していきます。

それでは，すき焼きができる工程でどのように反応が起こっているのかみていきましょう。まず，熱した鍋に牛脂を溶かして肉を置くと，目には見えませんが肉の表面の細胞が壊され，そこからアミノ酸を代表とするさまざまな物質が出てきます。特に肉らしい香りのもととなるのは硫黄を含むシステインやシスチン，チアミン（ビタミンB_1）などです。ここに糖が加わります。糖の成分としては，肉に含まれる微量のブドウ糖や核酸由来のリボースがあります。さらにすき焼きでは砂糖を加えているので，砂糖由来の糖も加わりながら反応が一気に進みます。これにより肉っぽさのあるにおいの含硫化合物群や，香ばしいにおいのピラジン類，甘いにおいのフラン類など数百種類にものぼるにおい物質が複雑に生み出されます。これらの香りのなかには，糖やアミノ酸，ビタミン類，脂（脂肪酸）が分解することでできたものや，そのにおい物質自身がさらに反応を起こし変化してできたものもあります。このように加熱によって肉の成分が複雑に絡み合い（メイラード反応を起こし）ながら，魅惑的なす

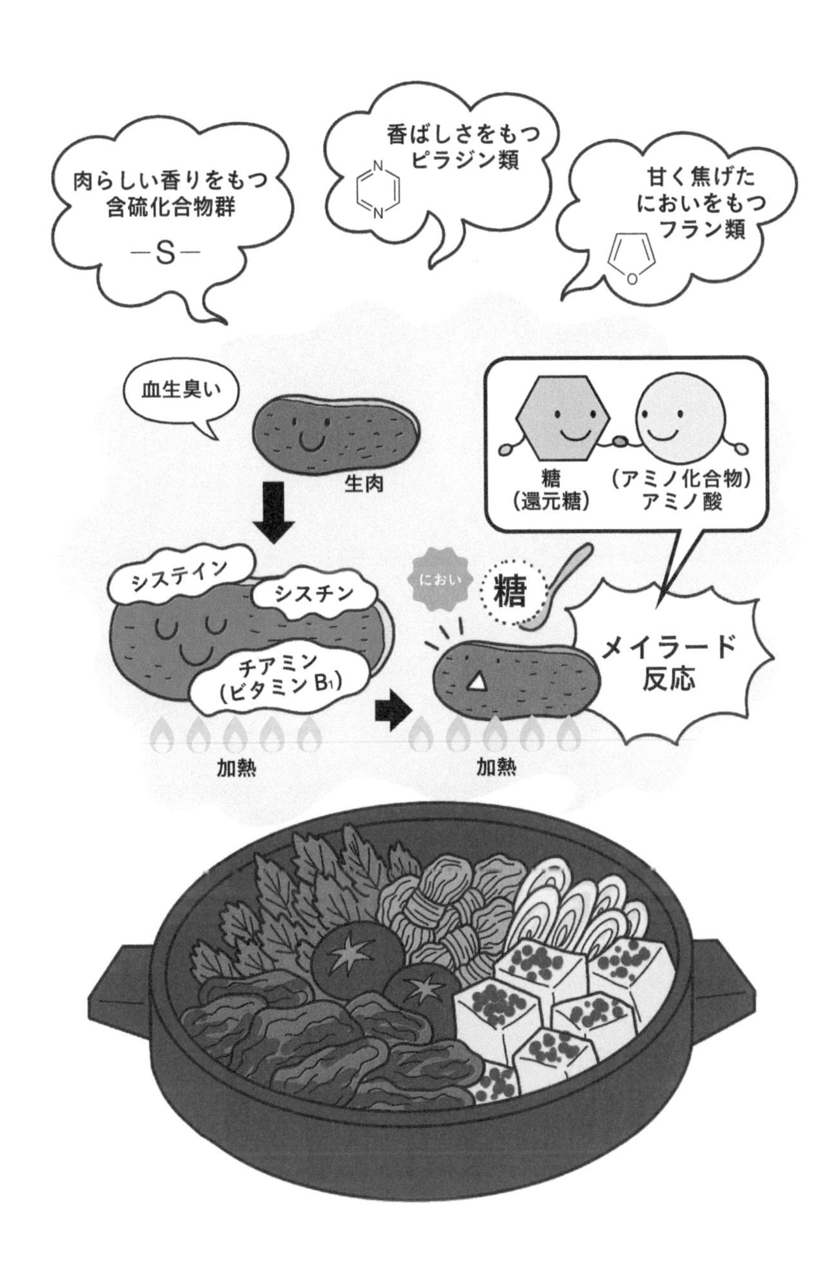

き焼きの香りができあがっているのです。

関西風と関東風のすき焼きのにおい

関西と関東ではすき焼きのつくり方が異なるのをご存知ですか。関西風は砂糖をかけながら「焼く」，関東風は割り下でさっと「煮る」つくり方をします。本文は関西風のつくり方だったので関東の方は「あれ？砂糖はかけないけど」と思った方もいるでしょう。関西風のつくり方は砂糖の「糖」と牛肉の「アミノ酸」，また「焼く（高温条件）」というメイラード反応が進みやすい条件になります。そのため肉からメイラード反応特有の複雑で香ばしい香りを強く感じます。砂糖を肉に直接かけるのは，もともと肉をやわらかくするはたらきや醤油や割り下の塩からさをやわらげる目的からですが，実はすき焼きの肉の香ばしく好ましい香りをつくる面でも貢献しているのです。

一方，関東風のつくり方にもメリットがあります。和牛を食べたときに，鼻に抜けるような特有の何ともいえない甘い香りを感じたことはありませんか？この香りは「和牛香」とよばれています。この香りに一役買っているのが「ラクトン」というモモやココナッツのような甘いミルキーな香りです。このにおい物質は熟成された霜降りの和牛肉を100℃以下（特に80℃付近）で短時間加熱することで，よく出てくることがわかっています。つまり，関東風の「割り下でさっと煮る」ことは，和牛特有のおいしい香りを堪能するのに理に適っているのです。ちなみに，この香りは熟成した和牛霜降り肉を十分に空気に触れさせておくことで，よく生成することもわかっています。ですから，家で霜降り和牛の肉を使ってすき焼きをつくるときは，甘くコクのある香りを堪能するために空気に触れさせる時間を忘れないようにしてください。

関西風と関東風，どちらの香りも魅惑的です。はじめは関西風で，その後はさっと煮る関東風で香りを楽しむのもおすすめです。自分好みの香りを引き出しておいしいすき焼きをつくってみてください。

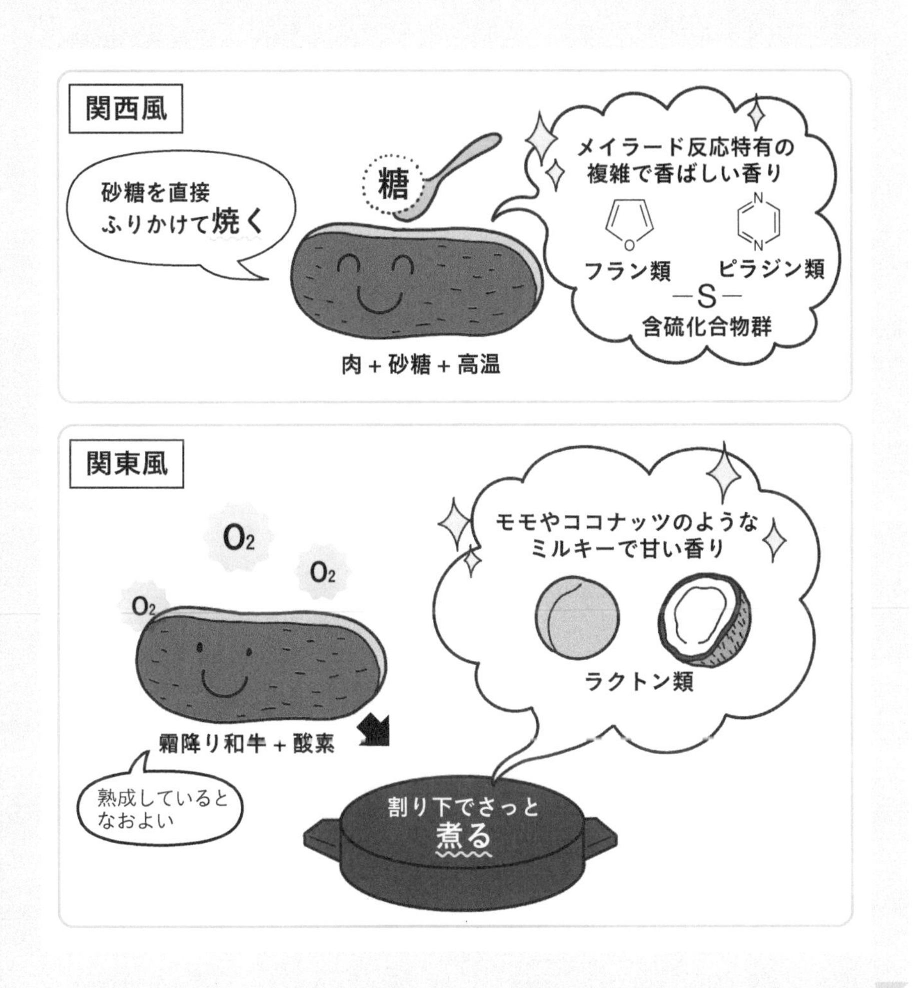
関西風
砂糖を直接
ふりかけて焼く
糖
メイラード反応特有の
複雑で香ばしい香り
O
N
N
フラン類
ピラジン類
—S—
含硫化合物群
肉＋砂糖＋高温
関東風
O_2
O_2
O_2
モモやココナッツのような
ミルキーで甘い香り
ラクトン類
霜降り和牛＋酸素
熟成していると
なおよい
割り下でさっと
煮る

❷ あめ色タマネギのにおい

タマネギを切ると鼻がツンとし，目から涙が出てきますが，焦がさないようにじっくり炒めると，きれいなあめ色になり，香ばしく深いにおいが出てきます。このあめ色タマネギを料理に加えると深いコクを感じます。タマネギの驚くべき変貌ぶり。いったい，何が起こっているのでしょうか。

まず，生のタマネギを包丁で切ると細胞が壊れ，硫黄を含むにおいのもととなる物質が，酵素のはたらきでさまざまなにおい物質へと変化します。生成された物質を人の鼻がキャッチするとツンとした刺激を感じます。生のタマネギを切ると涙が出るのは，タマネギ特有の酵素が働き，プロパンチアール-S-オキシドという催涙性の物質ができるからです。この物質が揮発して目を刺激するのです。次に切ったタマネギを焦がさないように油で炒めていくと，透明から黄色，茶色へとゆっくり変化していきます。それとともにツンとするにおいは次第になくなり，少しほくほくしたジャガイモの香り，バターのようなクリーミーな香りなど，ほんのり甘いにおいを感じるようになります。さらにじっくり炒め，濃く美しい琥珀(こはく)色に変化してくると，カラメルのような甘さや複雑な香ばしさを感じるにおいが立ちのぼってきます。ここでも前述したメイラード反応が重要なはたらきをしています。

ひとくくりにメイラード反応といっても，どのアミノ酸が反応にかかわっているかによって，生じるにおいは大きく異なります。たとえば，タマネギに含まれるメチオニンはゆでたジャガイモ，システインは焼いた肉を思い起こすようなにおい，アルギニンはポップコーンのような香ばしいにおいなどを生み出します。またタマネギは野菜のなかでは糖が多く，ブドウ糖，果糖に加え，ショ糖を多く含んでいることが特徴です。あめ色タマネギをつくるポイントは，焦がさずじっくり加熱することです。そうすることで水分がゆっくりと蒸発し，糖濃度が高まることに加え，ショ糖がさらに小さな糖であるブドウ糖と果糖に分解し，メイラード反応やカラメル化反応が一段と進みやすいかたちになります。そうした反応が進むなかで，香ばしいにおいをもつピラジン類や，甘く焦げたにおいのあるフラン類などを特徴とする，複雑で香ばしいにおいが生まれるのです。また，メイラード反応が十分に進むと「メラノイジン」という褐色

の物質が生成されます。この物質は料理に深いコクを与えます。

メイラード反応とは

ジュージューと焼ける肉の甘香ばしさ，じっくり炒めたあめ色タマネギの深い香り，焼きたてパンのカリッとした香り，焼きおにぎりの醤油の華やかな香ばしさ……，自宅のキッチンやレストランに漂うおいしそうなにおいにかかわるメイラード反応。もう少し詳しくみていきましょう。

まず，メイラード反応とは褐変反応，つまり，茶色くなる反応です。切ったリンゴが茶色になるといった酵素がかかわる褐変反応ではなく，主に加熱による褐変反応をメイラード反応とよびます。メイラード反応は食品中に含まれる糖（還元糖）とアミノ化合物（アミノ酸）が加熱される過程で，低分子のたくさんのにおい物質とメラノイジンという高分子で褐色の色素物質を生み出す複雑な反応です。また，常温でも熟成によって反応が進むため，味噌や醤油など幅広い食品中で起こるのが特徴です。メイラードという名前は，1912年にこの反応を発見したフランスの生化学者 L. C. Maillard に由来します。

ところで，同じ肉でも焼いたときと煮込んだときのにおいは違いますよね？これは糖やアミノ酸の含量や種類，加熱温度，時間，pHなどの複数の条件により生成するにおい物質が異なっているためです。なかでも「アミノ酸の種類」は香りに大きく影響します。これにはメイラード反応の副反応のひとつである「ストレッカー分解」が大きくかかわっています。ストレッカー分解とは，メイラード反応が進んでできるジカルボニル化合物とアミノ酸が反応し，アルデヒドとよばれるとても特徴的で強いにおい物質を生み出す反応です。たとえば，アミノ酸のひとつであるメチオニンからは，ジャガイモのようなにおいのメチオナール，フェニルアラニンからはハチミツのようなにおいのフェニルアセトアルデヒドなど，アミノ酸の違いひとつでまったく異なるにおい物質を生み出します。もし調理中に気になるにおいがあったら，食品に含まれているアミノ酸を調べてみるのもおもしろいですよ。そしてメイラード反応が十分に進むと，最終的には反応中でできたさまざまな物質が重合し，分子量が数千から数万の，褐色で窒素を含む水溶性の色素物質メラノイジンができます。メラノイジンは加熱や熟成の特徴である褐色を生み出すだけではなく，コクを付与する効果が知られています。これは焦げとはまったく異なるもので，抗酸化性や活性酸素除去作用などの高い機能性をもつのが特徴です。食品のおいしさに欠かせないメイラード反応，ぜひ日々の料理に活用してみてください。

糖
(還元糖)
アミノ化合物
(アミノ酸)
加熱・熟成
メイラード反応生成物
たくさんの
におい物質
その他
さまざまな物質
香・色・味
いろいろ生まれます
重合
ビール
みそ
醤油
パン
褐色の色素物質メラノイジン
メイラード反応の過程で生み
出されます
微量に含まれるだけで色だけ
ではなく食品のおいしさに欠
かせないコクも付与する効果
をもつ，力強い物質です

③ 砂糖を焦がしたときのにおい：カラメル

今日の食後のデザートはカラメルプリンです。砂糖は加熱して少し焦がすと甘く香ばしいにおいが漂い，舐めるとほろりと苦い味を感じます。しかしキッチンにある白い砂糖からは甘いにおいや苦い味はしません。加熱した砂糖では何が起こっているのでしょうか。カラメルソースの例でみていきましょう。

まず，砂糖と水を鍋に入れて火にかけます。砂糖は溶けて透明になり，ふつふつと泡を出しはじめます。このときの温度は100℃前後で，ほとんど香りは感じません。しかし少し経つと140℃前後となり，砂糖液はほんのりと黄色くなります。その際，ふんわりと綿菓子のような香りが漂ってきます。その後はどんどん水分も蒸発して濃度が高まります。温度は一気に165～180℃と高くなり，急激に褐色へと変化し，ブクブクと粘性のある泡を出します。すると甘く焦げ感のある好ましい香りを感じるようになります。ほどよいところでカラメルソースはできあがりです。このまま加熱を続けると，酸っぱいにおいや焦げたにおいが強まり，色が一気に黒くなります。また200℃以上の加熱が続くと，強く焦げたにおいを出しながら固まっていき，最終的には炭のような状態になります。

このように砂糖は加熱されることで初めて甘い香りを生み出します。ここで起こっている反応を「カラメル化反応」といいます。カラメル化反応は，メイラード反応とは異なり，糖のみが非常に高い温度で加熱され分解や重合等をくり返す複雑な反応です。熱によって砂糖（ショ糖）がブドウ糖と果糖へ分解し，その後さらに次々とかたちを変え，におい物質へと変化していきます。そして甘く焦げた香りのマルトールや，綿菓子のような香りをもつ2,5-ジメチル-4-ヒドロキシ-3(2*H*)-フラノンといった甘いにおいを生み出していきます。さらに高温で加熱を続けることで重合等が進み，最終的にはカラメルという褐色で独特の苦みをもつ水溶性の物質を生み出します。

砂糖が焦げたにおいはシンプルですが好ましく，おいしさを想起させてくれます。フランス料理の世界ではカラメルをつくることをカラメリゼといい，香

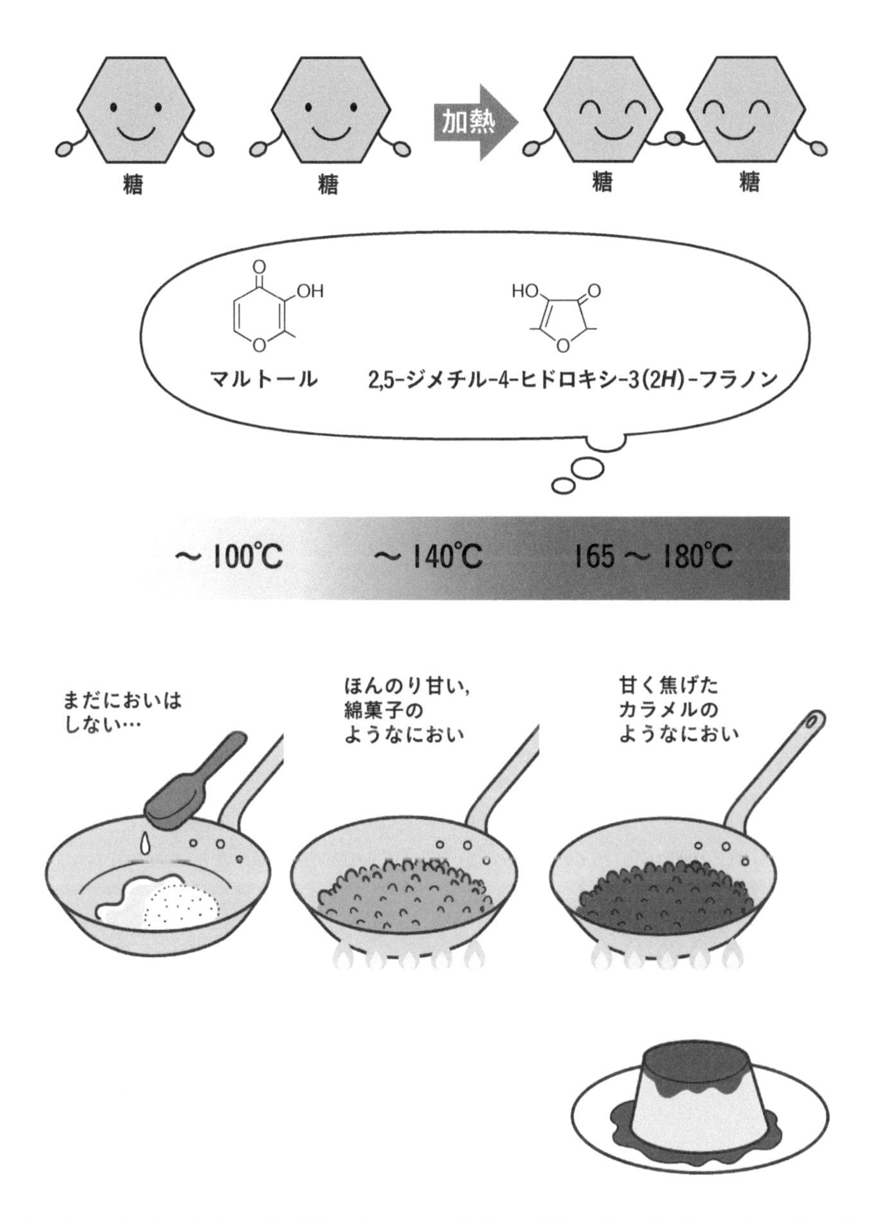

りづけや色づけなどに広く用いられています。砂糖は少し焦げることで甘い香りをまとい，さまざまな料理中で私たちの食欲を刺激してくれるのです。

ガストリックとは

ところでカラメルと似ているけれど科学的には大きく違う「ガストリック」というフランス料理で用いられる素材を知っていますか。これは砂糖とワインビネガーなどの酸を鍋でカラメル状になるまで加熱したもので，料理に香りやコクを出すために用いる隠し味的存在の素材です。

見た目はカラメルとよく似ていますが，加熱中に起こっていることは大きく異なります。大きな違いはビネガー由来のアミノ酸があること，そしてビネガー由来の酸により砂糖が還元糖に効率的に分解されることでメイラード反応が進みやすくなることです。ビネガーの酸っぱいにおいは褐色になる頃にはほとんどが揮発し，感じなくなります。そしてカラメルにはない複雑で軽い香ばしさのある香りと深いコクを感じることができます。フランス料理の世界では肉に合わせるソースの一部などに用いますが，家庭でも簡単につくれるコク出し素材として活用されています。

ガストリックでできる香りにはカラメル化反応とメイラード反応の2つのはたらきがかかわっています。2つは似て非なるものですが，同時にそして複雑に絡み合いながら起こり，好ましい香りとコクで私たちの食欲を刺激してくれます。

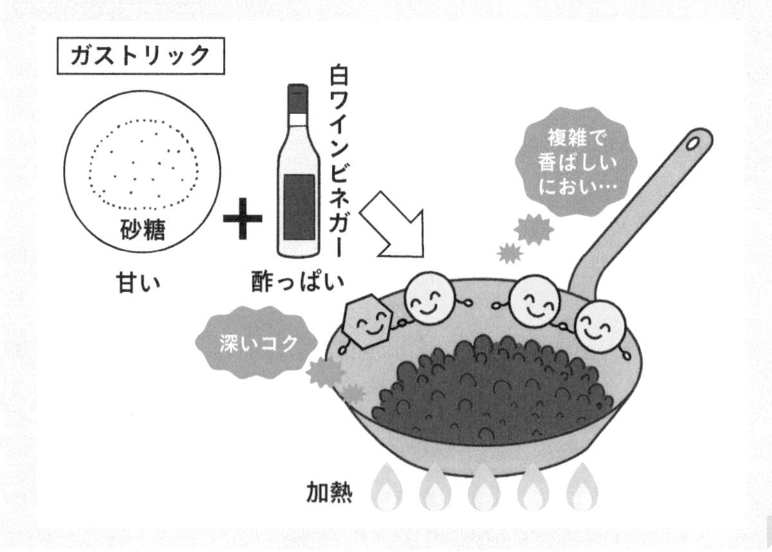

おいしいにおい

レストランでかしこまって食事をするときも，自宅でリラックスして食卓を囲むときも，さまざまな反応や生成物が，私たちの食卓をよりおいしそうに仕立ててくれています。

ステーキやムニエル，ハンバーグ，肉じゃが，鰻のかば焼き，焼きおにぎり，パンケーキ，カステラ，クレームブリュレ……。ほかにも調理中の加熱でできる甘く香ばしい香りはたくさんあります。食事をしながら，おいしいにおいの正体を探してみませんか。

④デザート（果物）

さらに今夜はイチゴやオレンジ，パイナップルなどの果物の盛り合わせもいただきます。これらの果物の香りも数多くのにおい物質が組み合わせとバランスで，それぞれのにおいをつくっているのです。ではそれぞれのにおいをみていきましょう。

イチゴのにおいには，新鮮な甘い香りの酪酸エチル，甘い綿菓子のようなにおいの2,5-ジメチル-4-ヒドロキシ-3(2*H*)-フラノン，フレッシュな青葉をちぎったような青臭いにおいの(*Z*)-3-ヘキセノール，ミルキーなにおいのγ-デカラクトンなどが含まれています。品種や熟度によって香りが違うのは，成分の組み合わせとバランスが変わるからです。また，おいしく熟したイチゴには，腐ったような，漬物のようなにおいのチオ酢酸*S*-メチルが含まれています。悪臭ともとれるほんのわずかなにおい成分がアクセントとなって，おいしそうなにおいになるのです。

オレンジなどの柑橘（かんきつ）果実はジューシーでさわやかな酸味があり，世界中で好まれている果物です。柑橘類には，ほかにレモンやグレープフルーツ，ミカンやユズなど数多くの種類があります。柑橘類のにおい物質の多くは，外皮の表面に点々と見える油胞のなかに含まれています。たとえばオレンジの皮をむいたときに，オレンジの香りが手に残ったことがありませんか。これは油胞から飛び出したオレンジのにおい物質が手についたことで感じるにおいです。柑橘類に共通しているにおい成分はリモネンで，そのほかにオクタナールやノナナール，酪酸エチル，α-ターピネオールなどが含まれます。その上にレモンではシトラール，オレンジではシネンサールやバレンセン，グレープフルーツではヌートカトン，ユズではチモールやユズノン®（6*Z*,8*E*)-6,8,10-ウンデカトリエン-3-オン）などのさまざまなにおい成分が各柑橘の香りを特徴づけています。唐揚げにレモン汁をかけるときは皮を下にして搾ってみてください。果皮に含まれるにおい物質がたくさん唐揚げにかかります。

パイナップルはさんさんと日差しが降り注ぐ，南国のトロピカルフルーツです。パイナップルのにおいは甘いにおいのβ-ダマセノン，みずみずしいにおいのカプロン酸エチル，果肉の繊維感を感じる1,3,5-ウンデカトリエン，ミルキー

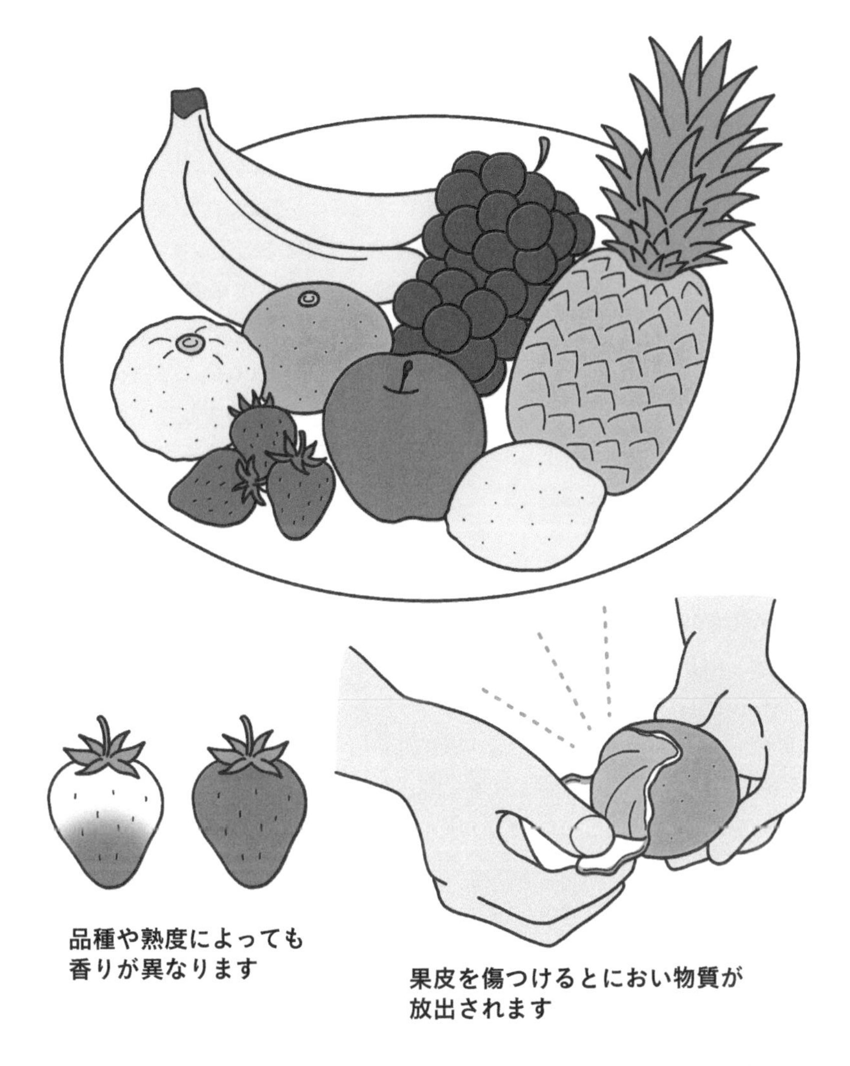

なにおいのγ-オクタラクトン，ツンとした硫黄臭の3-(メチルチオ)プロピオン酸メチルなどのにおい成分から構成されています。パイナップルの特徴であるトロピカル感はわずかに含まれる含硫化合物によるものです。含硫化合物とは分子のなかに硫黄原子を含むにおい成分ですが，わずかな量でもにおいを強く感じ，トロピカルフルーツのにおいを特徴づけるのに欠かせない成分です。

SECTION 2.6

リラックスタイム ―❶茶

夕食後のリラックスした時間，みなさんは何を飲んでいますか。いろいろな飲み物がありますが，食後にお茶を飲む人も多いのではないでしょうか。

お茶は奈良時代に中国から伝わったとされ，『日本後記』には815年に嵯峨天皇が茶を献じられたことが記されています。日本で古くから飲まれているのは煎茶，抹茶などの緑茶ですが，最近では烏龍茶や紅茶なども人気です。烏龍茶や紅茶は緑茶と比べて色も香りも違いますが，いずれも同じ植物の「ツバキ科ツバキ属チャ」の葉からつくられています。違いは茶葉を収穫してからお茶の葉をつくるときの発酵の度合いです。ここでいうお茶の葉の発酵とは，収穫した茶葉のなかに含まれる酵素により，茶葉に含まれる成分が分解されてにおい物質などの新たな物質がつくられることです。緑茶は収穫した茶葉を，時間をおかずに素早く蒸気などで加熱し，できるだけ酵素反応させずにつくられます（不発酵茶）。一方，烏龍茶は茶葉の細胞を壊さずにゆっくりと酵素反応を進めてつくられ（半発酵茶），紅茶は茶葉の細胞を壊して完全に酵素反応させてつくられます（発酵茶）。この発酵の度合いでそれぞれ特徴的なにおいが生まれます。そして，茶葉に含まれる酵素ではなく，乳酸菌などの微生物を加えて発酵させたプーアール茶などは後発酵茶に分類されます。お茶の香りも数多くのにおい成分から成り立っていて，その数は700種類にのぼるともいわれています。

それぞれのお茶の特徴的なにおい成分は，緑茶には緑茶らしい青さのある3-メチル-2,4-ノナンジオン，ちぎった青葉のようなにおいの(*Z*)-3-ヘキセノール，海苔（のり）のようなにおいのジメチルスルフィドが，烏龍茶には花を思わせるにおいのインドール，ジャスモン酸メチル，リナロール，ゲラニオールが挙げられます。紅茶にはそれらの花のにおいに加え，ハチミツのような甘い香りのβ-ダマセノンやバラのようなにおいの2-フェニルエチルアルコールが知られています。

これらのお茶は料理やデザートとともに楽しむこともあります。一般的には和食・和菓子には緑茶，洋食・洋菓子には紅茶というように，和風には和風，

洋風には洋風を合わせるということも多いようです。それだけではなく，お茶に含まれるにおい物質の量や質が関係しているとも考えられています。たとえば，華やかさとフルーティーなにおいをもつ紅茶はさまざまな果物（イチゴなどのベリー類や柑橘類）と相性がよいといった具合です。このように食品の相性について科学的に解明しようとするのが「フードペアリング理論（フードペアリング仮説）」（89ページ参照）です。

ときには時間をかけて急須やティーポットでお茶を淹れ，香りを楽しみながらゆったりとした時間を過ごしてみてはいかがでしょうか。

②酒：ビール・日本酒・リキュール

おいしい食事にはおいしいお酒がよく合います。一口に「酒」といっても，原料や造り方によって大きく醸造酒，蒸留酒，混成酒に分類されます。醸造酒にはビール・日本酒・ワインなどがあり，原料を酵母によってアルコール発酵させて造ります。蒸留酒類には焼酎・ウイスキー・ブランデー・ラムなどがあり，醸造酒を蒸留して造ります。混成酒類には梅酒やクレームドカシスなどの各種リキュールがあり，製造方法はさまざまです。におい成分は，ワインからは840種類以上，ビールからは620種類以上，ウイスキーからは330種類以上が見出されています。それでは代表的な醸造酒の特徴的な香りをみていきましょう。

ビール

ビールの香りは大きくモルト香，ホップ香，エステル香に分けることができます。モルト香とホップ香は，ビールの主原料である麦芽とホップ由来の香りで，エステル香は酵母による発酵で生じる香りです。モルト香には，焼きたてのパンのような香ばしさや，コーヒーを思わせるロースト香のピラジン類などがあります。ホップ香にはトロピカルフルーツやシトラスを思わせる香りの4-メルカプト-4-メチル-2-ペンタノンや3-メルカプトヘキサノールなどのチオール類，フルーティーでフローラルな香りのリナロールやゲラニオールなどのモノテルペンアルコール類などがあります。エステル香にはエステル類がかかわり，その種類やバランスの違いが，バナナやリンゴ，洋ナシ，モモなどフルーツの軽い香りを特徴づけます。

そして，ビールの香りは製法や原料により特徴が異なります。日本で一般的に親しまれているピルスナーのほかに，ホップがよく効いているペールエール，苦味が少なくバナナやクローブの香りを連想させるヴァイツェン，香ばしいナッツやチョコレート，コーヒーのような香りが特徴の黒ビールともよばれているスタウトなど，バリエーションが豊かでそれぞれの風味を楽しむことができるのもビールの魅力のひとつです。

日本酒

日本酒の原料は米と麹と酵母と水ですが，日本酒の香りをみてみると，独特

醸造酒
ブドウ
麦
米
酵母菌
ワイン
ビール
日本酒
原料を酵母によってアルコール発酵させて造ります
蒸留酒
ポットスチル
焼酎
WHISKY
BRANDY
醸造酒を蒸留して造ります
蒸留酒の種類によって使われる原料や装置はさまざまです
混成酒
ジン
ウオッカ
ラム
テキーラ
果物
香辛料
ナッツ類
砂糖
シロップ
リキュール
醸造酒や蒸留酒に果実や香草，ナッツ類に砂糖などを漬け込んで造りますのフルーティーな香りを感じます。これは吟醸香とよばれています。ビールも日本酒も，麦や米を原料としているのに，どうしてフルーティーな香りがするのでしょうか？その答えは発酵にあります。日本酒では精米歩合を高めたお米を低温でじっくり発酵させることで，吟醸香が生み出されます。吟醸香の代表的なにおい成分に，リンゴやメロン，パイナップルのような香りのヘキサン酸エチルと，バナナのような香りの酢酸イソアミルなどのエステル類があります。ビールも日本酒もワインのようにフルーツを原料としていなくてもフルーティーな香りが生み出されるので発酵という現象は不思議です。ワインの香りについては86ページからみていくこととしましょう。

蒸留酒

蒸留酒は醸造酒を蒸留器に入れて，加熱・蒸留し，揮発性物質を捕集した後，熟成させたお酒です。蒸留には単式蒸留と連続式蒸留の2つの方法があります。単式蒸留は原料由来の風味をしっかり感じ，より複雑になります。連続式蒸留はややすっきりとした風味になります。蒸留酒のにおい成分は，もともと醸造酒にある成分に加え，蒸留時の加熱によって生じる成分や熟成によって生じる成分などがあります。日本の蒸留酒である焼酎は，米や麦，サツマイモ，黒糖，そば，粟，トウモロコシなどを原料としており，風味もバラエティーに富んでいます。

リキュール

リキュールは，醸造酒や蒸留酒に草根木皮やフルーツ，香辛料，色素，砂糖などを漬け込んで，その成分を浸出させて造るので，香りは用いた原料由来のものになります。たとえば，梅酒は焼酎やブランデーにウメと砂糖を漬け込んで造ります。ウメの果肉や種子に含まれる甘いラクトン類やさわやかなエステル類などのさまざまなにおい成分が熟成の過程で抽出されてきます。

ここまで読んでおやっ？と感じた方もいるかもしれませんが，同じにおい物質が違う種類のお酒にもたくさん入っています。ビールや日本酒を飲みながら果物やパンの香りを探してみませんか。

トロピカル
フルーツ
焼きたての
パン
麦
フルーティーな
香り
ホップ
ビール
米
日本酒
米
麦
トウモロコシ
サツマイモ
黒糖
焼酎

③ 酒：ワイン

ワインの香りについて詳しくみていくことにしましょう。ワインは原料であるブドウの個性が色濃く反映されるお酒です。ブドウの種類や産地，醸造方法，熟成期間などのさまざまな条件でワインの香りの印象は大きく変わります。ワインをテイスティングする際，アロマやブーケという言葉を聞いたことがありませんか。ワインの香りは，第一アロマ，第二アロマ，第三アロマ（ブーケ）に大きく分けられます。それぞれは，どのようなもので，どのような香りがあるのかみていきましょう。

第一アロマとは，ブドウ由来の香りのことです。レモンやバラのようなフレッシュな香りのシトロネロールや，マスカットやオレンジなどを思い起こさせる華やかな香りのリナロールなどがあります。

第二アロマは発酵由来の香りです。日本酒と同様に低温で発酵を進めると吟醸香が現れます。ほかにもスミレの香りのβ-イオノンや甘い蜜のような香りのβ-ダマセノン，杏仁豆腐のような香りのベンズアルデヒドなどがあります。また，マロラクティック発酵とよばれる発酵を行うと，果汁やワイン中に含まれるリンゴ酸が，乳酸菌のはたらきによって乳酸と炭酸ガスに分解されます。この過程の副産物として，ヨーグルトやバターのような発酵乳の香りのジアセチルが生じます。第二アロマは熟成とともに減少していき，3～4年以上熟成させたワインからはほとんど感じることができなくなります。

別名ブーケともよばれる第三アロマは，熟成に由来する香りです。熟成の方法もさまざまで，発酵終了後に樽を用いて熟成させたり，瓶内で熟成させるなどがあります。熟成工程では，穏やかに空気に接触していくことで酸化熟成が進みます。熟成が進むことで，燻製香や薬箱のような香りのグアイヤコールや，クローブやナツメグなどの香りのオイゲノール，シナモンのような香りの桂皮酸エチル，桂皮酸メチル，バニラの香りのバニリン，キャラメルのような香りのマルトール，シクロテン，ココナッツやミルクのような香りのラクトン類など，さまざまな香りがつくられています。多数のにおい物質が混ざりあって複雑なワインの香りを形成しているのです。

ブドウ由来の
第一アロマ
発酵由来の
第二アロマ
ワイン
熟成由来の第三アロマ（ブーケ）

白ワインを造る白ブドウの品種について，それぞれの特徴をみていきましょう。ソーヴィニヨン・ブランや甲州の特徴香として，グレープフルーツのような香りの4-メルカプト-4-メチル-2-ペンタノンや3-メルカプトヘキサノールなどのチオール類があります。その香りはテイスティング用語ではピピドシャ（猫の尿）と表現されます。尿と聞くとあまりよい印象はもてませんが，実際の香りはフレッシュでさわやかなものです。リースリングに独特の香りとして，重油のようなにおいのペトロール香とよばれるトリメチルジヒドロナフタレンという成分があります。ワインから重油のようなにおいがすると聞くと驚きますが，複雑に絡み合うひとつの要素であるため，アクセントとして含まれているのです。一見ネガティブな香りも絶妙に溶け込むことで香りの複雑さを演出する大事な要素になるのです。ほかには，バラやライチのような香りのモノテルペンアルコール類やチオール類が特徴のゲヴェルツトラミネールという品種もあります。

赤ワインを造る黒ブドウ品種の特徴はどうでしょうか。シラーにはスパイシーな香りのロタンドン，ガメイやマスカット・ベーリーAにはイチゴの甘い香りの4-ヒドロキシ-2,5-ジメチル-3(2*H*)-フラノンなどが挙げられます。カベルネ・ソーヴィニヨンには清涼感のあるミントや針葉樹の香り，フローラルさとグリーン感が一体となったノバラの香りなどが特徴香としてあります。また，ピーマンやゴボウの香りの2-イソブチル-3-メトキシピラジンを感じることもあります。この香りは，カベルネ系品種の特徴香とされていると同時に，未成熟なブドウで醸造した際に生じる香りであることもわかっています。微量であれば，さわやかさや土っぽさに通じますが，過剰に存在すると他の香りを打ち消してしまいます。栽培の際にしっかりとブドウの生育状態をコントロールすることが重要で，各生産者がさまざまな工夫をしてピラジン類の発生を抑えています。

産地や品種，醸造方法の違いによってさまざまな風味が生み出されるのはワインの楽しいところです。

このように，お酒にも種類がさまざまあり香りも同様にさまざまです。お酒は原料の違いもさることながら，造り方や熟成の度合いでいろいろな香りが生まれるというのも，とても興味深いことです。

フードペアリングとは

相性のよい食べ物の組み合わせというと，食経験からイチゴと牛乳，トマトにチーズなどを思い浮かべる人も多いでしょう。これらはなぜ相性がよいのでしょうか。それを科学的に解き明かしていくというのがフードペアリング理論やフードペアリング仮説とよばれているものです。長年唱えられてきたのは「同じ化学物質をもっているものどうしは相性がよい」という説で，それぞれの飲食物のにおい成分のなかで共通する成分が多いと相性がよいと考えられています。実際にイチゴと牛乳の組み合わせでいうと100種類以上のにおい成分が共通していました。

このようなかたちでにおい成分のデータを集めて計算したところ，ホワイトチョコレートとキャビアといった意外な組み合わせなどが見出されました。しかし，実験を進めていくと「違うにおい物質を持ち合わせたものどうしのほうが相性がよい」という反対の結果も出てきました。西欧の料理は前述したように似た成分を合わせるようですが，インドなどでは違う成分を合わせる傾向がある，といった国や地域の食文化や個人の食経験によっても相性の良し悪しが変わってくるようです。

これからも研究が進んでいく分野なので，今後の新しい説にも期待したいものです。

イチゴ×牛乳　　**キャビア×ホワイトチョコレート**

SECTION

2.7 自然のなかに出かけよう

週末や夏休みに，普段の生活から離れ，キャンプやハイキング，海水浴など自然のなかで過ごすことには格別な楽しさがあります。こうしたレジャーのなかでも意識をすると，あちこちににおいが存在していることに気がつくでしょう。では自然のなかから香りを探していきましょう。

電車や車に乗って目的地に着くと，視界いっぱいに森林や野山が広がっています。緑に囲まれ，木々の枝や葉の揺れる音だけが聞こえる静けさは何ともいえない心地よさを感じさせてくれます。また，樹木の放つ香りを感じるとリラックスした気分になります。

森林浴という言葉を聞いたことはありませんか。森林に足を踏み入れてきれいな空気を吸って，その雰囲気を満喫することで心身の健康を図ることもキャンプやハイキングの醍醐味です。この森林浴で感じるもののひとつは樹木が放出している「フィトンチッド」とよばれる揮発性の物質です。これは特定の物質ではなく，木に対して害を及ぼす虫を遠ざけたり，細菌を殺菌したりする作用のある化学物質の総称です。フィトンチッドという言葉は，フィト（植物）とチッド（殺す）からつくられた造語で，これだけ聞くと何やら恐ろしいイメージをもちますが，虫や菌に対する効果を考えるとそのネーミングにも納得がいきます。

フィトンチッドに含まれるテルペン類という物質には香りをもつものがあり，この物質が森林の香りに密接にかかわっています。テルペン類の種類や量は樹木の種類によって異なります。日本に多いスギやヒノキはα-ピネンなどのにおい物質を多く放出し，すっきりした香りがします。一方，アメリカの森林で生息しているタイワンヒノキは，リモネンという柑橘（かんきつ）の果皮に多く含まれる物質を多く放出します。森のなかで柑橘に含まれているにおい成分が漂っているのはおもしろいですね。そのほかにも森のなかを歩いていると，さまざまなにおいを感じることができます。木々によってつくられた絶妙なバランスの自然の香りを楽しむのもよいのではないでしょうか。

野山では森林浴によってリラックスできるだけではなく，草花などがつくり出す香りとの出合いもあります。木陰を見つけて野原に腰をかけると，草や土

静かな森林に足を踏み入れると，木々の緑や澄んだ空気に囲まれて気分はさわやかに…

のにおいに気がつきます。これらにはどのような物質がかかわっているのでしょうか。

植物の葉っぱには(*Z*)-3-ヘキセノールという成分が含まれています。草刈りしている傍を通ったり，雑草を抜いたときに漂うにおいにはこの物質が含まれています。(*Z*)-3-ヘキセノールは身近に感じるにおい物質のひとつといえます。一方，土のにおいを感じさせる成分には，大地のにおいという意味の名前をもつジオスミンがあります。この成分はカビのようなにおいが特徴で，雨が降った後に独特のにおいがするのはジオスミンが原因といわれています。

山を歩いていると，さまざまな花のにおいも感じることができます。

まず，山でよく見られる代表的な花にヤマユリがあります。ヤマユリは本州に分布しており，平地から山地にかけて自生しています。7～8月頃になると20㎝を超える白く大きな花を咲かせます。この花にはフレッシュな花の香りがするリナロールや，バニラのにおいがするバニリンが多く含まれます。近寄って嗅いでみると，甘く濃厚な香りが特徴で少々きついにおいに感じられますが，風にのって漂ってくるヤマユリの香りはとても心地がよいものです。園芸用でも扱われているので，香りを嗅いだことのある人も多いでしょう。

観光農園などでよくみかけるラベンダーは私たちの生活に非常に身近な花です。この花は高温多湿を嫌うため，日本では比較的寒冷な場所で見ることができます。香りはとてもさわやかでほどよい清涼感があり，思わず深呼吸したくなるような落ち着く香りです。実はラベンダーの種類は非常に多く，原種の派生だけでも数十種類あるといわれています。その派生のひとつであるラバンジン系は，高温多湿にも耐えられる品種で，日本の温暖な場所でもにおいを楽しむことができます。ラバンジンのにおいはラベンダーと比べると少しツンとしたスパイシーな印象があります。

スミレはどうでしょう。スミレには数多くの近縁種があるのですが，なかでもニオイスミレからはその名のとおり強い香りを感じます。ニオイスミレから漂う香りはほんのりと甘く，とても心地よい気分にさせてくれます。少しキュウリのような香りがするのも特徴です。ニオイスミレは12～4月頃にかけて咲く花で，森林や野山などで見つけることができます。園芸用にも扱われているので育ててみるのもよいのではないでしょうか。室内に1株置くだけでも

野山では草花などがつくり出すさまざまな香りを楽しむことができます

よい香りが部屋いっぱいに広がります。

山で目にする花の種類は数えきれないほど多くあります。花の特徴は形や色の違いだけではなく香りにも現れます。個性あふれる花の香りは，ときにはやすらぎを，ときには刺激を与えてくれます。一般的に花を切りとってしまうと，時間とともに香りは失われてしまいます。その点から考えると自然のなかに自生する花の香りを嗅ぐことは，実はとても貴重で贅沢な体験なのです。

海水浴や海辺でのキャンプもまた自然の魅力を十分に感じられるレジャーです。夏の暑い日差しの下，マリンスポーツを楽しむ人もいるでしょう。風にのった潮のにおいを嗅ぐと，海にいることを実感させてくれます。

ところで，潮のにおいとは何でしょうか。もちろん水自体ににおいはありませんし，川からも潮のにおいはしません。実はこのにおいは海特有のもので，水中に生息するプランクトンやコケ，藻類などによってつくり出されているのです。海水中に存在する硫酸イオンをプランクトンなどがとり込み，ジメチルスルフィドというにおいの物質をつくります。この物質は潮のにおいを感じさせるもののひとつです。ジメチルスルフィドはとても低い濃度だと潮のにおいがしますが，濃度が高くなるとキャベツのようなにおいにも感じます。濃度によってにおいの感じ方が変わる物質はほかにもありますが，なぜそのように感じるのかはまだ明らかになっていません。

海の近くの空気を吸ってストレスをやわらげる，海気浴という言葉があります。海の空気をとり込むと，海気に含まれるヨード類（ヨウ素）に甲状腺が刺激され，リラックス効果が得られるという説もあります。潮の香りを嗅いで雰囲気を感じることでも日頃のストレスを解消できているのではないでしょうか。

このように，日常から離れて自然のなかで過ごし，日頃は感じることの少ない野山の植物や潮のにおいを嗅ぐことで心地よさを感じ，安らいだ気持ちになることができるでしょう。街中でのレジャーも楽しいですが，ときには山や海などの自然のなかに出かけてみてはいかがでしょうか。

海辺を歩くと潮の香りを感じることができます

日常生活において，ほんの少しにおいに意識を向けると，私たちは，さまざまなにおい物質に囲まれていることに気づきます。次の章では，人間が目には見えないにおいをどのように感じとっているのか，詳しくみていきましょう。

CHAPTER

An Illustrated Guide
to Mysteries of the
Fragrance and Flavor

III

においがするって どういうこと？

風邪をひいたり，花粉症で鼻がつまったりしたときに食事をして「おいしくない……」と感じたことはありませんか。においをはっきりと感じない状態での飲食は，なんだか味気ないものに感じます。このような経験から，おいしさを感じるのにも，においが重要な役割を果たしていることがわかるでしょう。

人間は，ただにおいを嗅いでそのものの特性を知るだけではなく，においを嗅いで過去の記憶が呼び起こされることもあります。

ここでは，人間がにおいを嗅いだときに「においがする！」と認知するまでに，鼻の奥から脳にかけてどのようなことが起こっているのか，さらには脳で感じたにおいをどのように私たちは受け止めているのかみていきましょう。

SECTION

3.1 ヒトの鼻の構造

私たちは花のにおいや食べ物・飲み物のにおいを鼻で嗅ぎます。ここではまず，におい物質の入口となる鼻の構造がどうなっているのか，いっしょにみていきましょう。

そもそも鼻は，嗅覚をつかさどる機能をもつ嗅覚器であると同時に，肺へ空気をとり込むための呼吸器でもあり，空気を加温・加湿したり，細菌や埃（ほこり）などの異物をとり除いたりするフィルターでもあるのです。さらに，発声するときに音を響かせる共鳴器としての役割ももっています。

鼻のなかには鼻腔と副鼻腔とよばれる空洞があり，鼻腔の中央にある鼻中隔という骨（軟骨）によって左右に分けられています。鼻腔への入口部分である鼻前庭には鼻毛が生えていて，吸い込んだ空気中のゴミが体内へ侵入するのを防いでいます。その奥は鼻粘膜で覆われていて，鼻前庭とともに，ウイルスや細菌など，異物の体内侵入を防御する最前線となっています。この粘膜部分は吸い込んだ空気を温度25～37℃，湿度35～80％になるように調節します。鼻前庭から鼻粘膜部分できれいになった空気が気道を経て肺に送られ，体内への酸素供給が開始されます。

鼻腔のほかに，ヒトの頭蓋骨では鼻の周囲にさまざまな形状をした骨によるいくつかの空洞が形成されていて，これらを総称して副鼻腔といいます。空洞は，頬の裏側にある上顎洞（じょうがくどう），目の間にある篩骨洞（しこつどう），額の裏側にある前頭洞（ぜんとうどう），鼻の奥にある蝶形骨洞（ちょうけいこつどう）の4種類があります。これらの副鼻腔は細い孔で鼻腔に通じて，鼻呼吸をすることで空気の交換が行われています。副鼻腔も鼻腔と同様に，線毛をもつ粘膜で覆われていて，入ってきた埃や微生物を除去しています。

鼻腔のいちばん奥の上部には，嗅粘膜に覆われている嗅上皮とよばれる部分があり，そこが「におい」を感じるために非常に重要な場所となっています。空気とともに鼻腔に送り込まれたにおい物質が嗅上皮に達することが，においを感じる第一歩です。

側面から見た様子

……… 副鼻腔

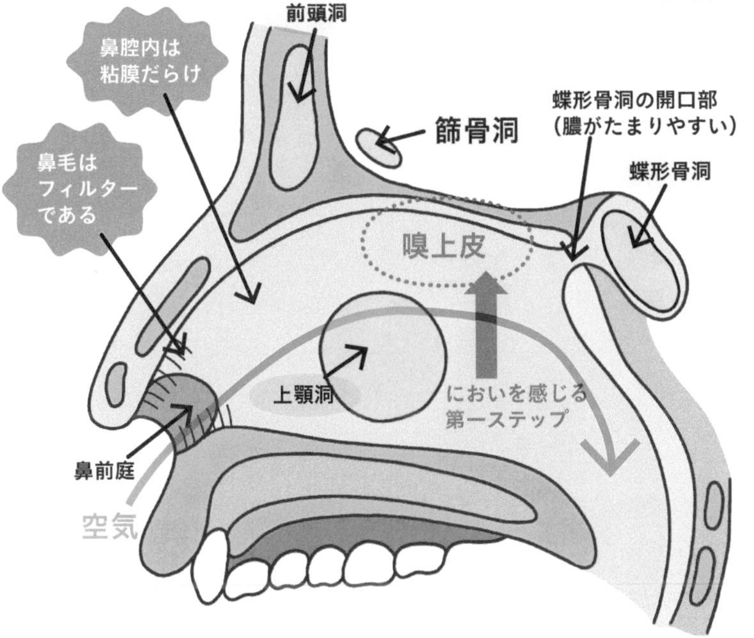

前頭洞
鼻腔内は
粘膜だらけ
鼻毛は
フィルター
である
篩骨洞
蝶形骨洞の開口部
（膿がたまりやすい）
蝶形骨洞
嗅上皮
上顎洞
においを感じる
第一ステップ
鼻前庭
空気

副鼻腔を正面から見た様子

前頭洞
篩骨洞
上顎洞

蝶形骨洞は篩骨洞の後ろにあるので見えません

鼻中隔を正面から見た様子

鼻中隔

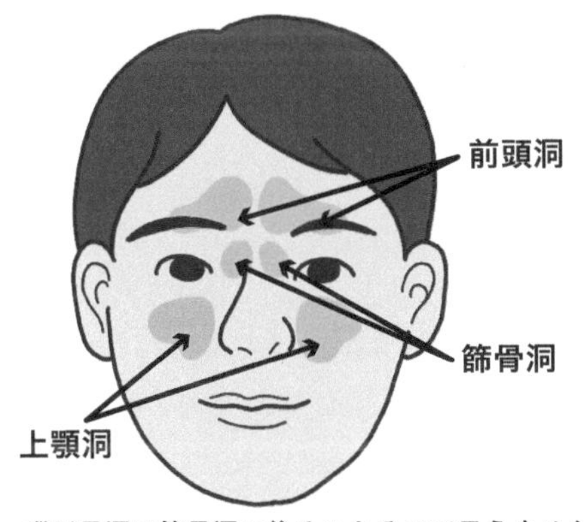

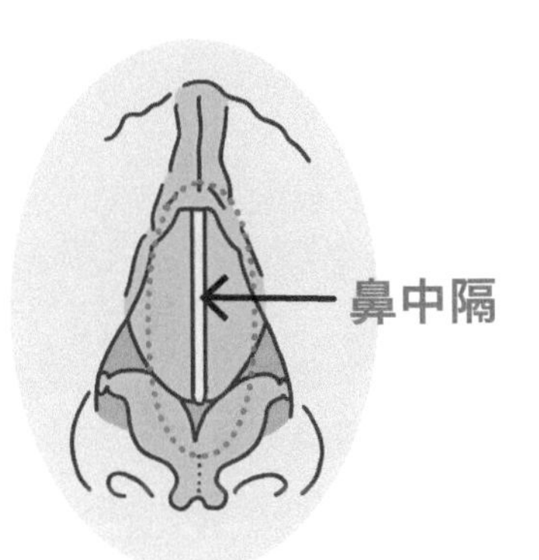

SECTION

3.2 においを感じるしくみ

ここでは，私たちが鼻から吸い込んだにおい物質が，どのようにして「におい」として感じるようになるのかをみていきましょう。

におい物質の到来

においの感知は，花や食べ物・飲み物などから発せられるにおい物質が，嗅上皮に到達することからはじまります。鼻腔に入ったにおい物質は嗅上皮を覆っている嗅粘膜のなかに入り込みます。嗅粘膜上には数百万個もの細胞がぎっしりと並んでいます。その種類は人間の場合，約400種類ほどです。嗅細胞からはにおい物質を受けとる嗅繊毛が伸び，その先端ににおい物質を受け入れる受容体とよばれるポケットがあります。その受容体がにおい物質を受けとることが，においを感じる次のステップです。1つの嗅細胞は1種類の受容体しかもっていませんが，1種類のにおい物質がたった1種類の受容体に結合するのではなく，いくつかの種類の受容体に結合します。また，1種類の受容体には1種類のにおい物質が結合するのではなく，複数のにおい物質が結合します。たとえばAからDの4種類の受容体で考えると，A，B，C，Dそれぞれ1つの受容体だけに結合する4つの組み合わせ，2つの受容体では「A, B」「A，C」「A，D」「B，C」「B，D」「C，D」の6つの組み合わせ，3つの受容体では「A，B，C」「A，B，D」「A，C，D」「B，C，D」の4つの組み合わせ，さらに4つの受容体すべてに結合する1つの組み合わせ「A，B，C，D」があり，計15種類の物質に対応することができます。右の図では①，②，③，④の4種類のにおい物質を例としてあげています。実際には人間の嗅細胞がもつ受容体は400種類ほどあるので，におい物質が結合する受容体の組み合わせは膨大な数になります。そのため人間の鼻は約40万種類あるといわれるにおい物質を識別することができるのです。

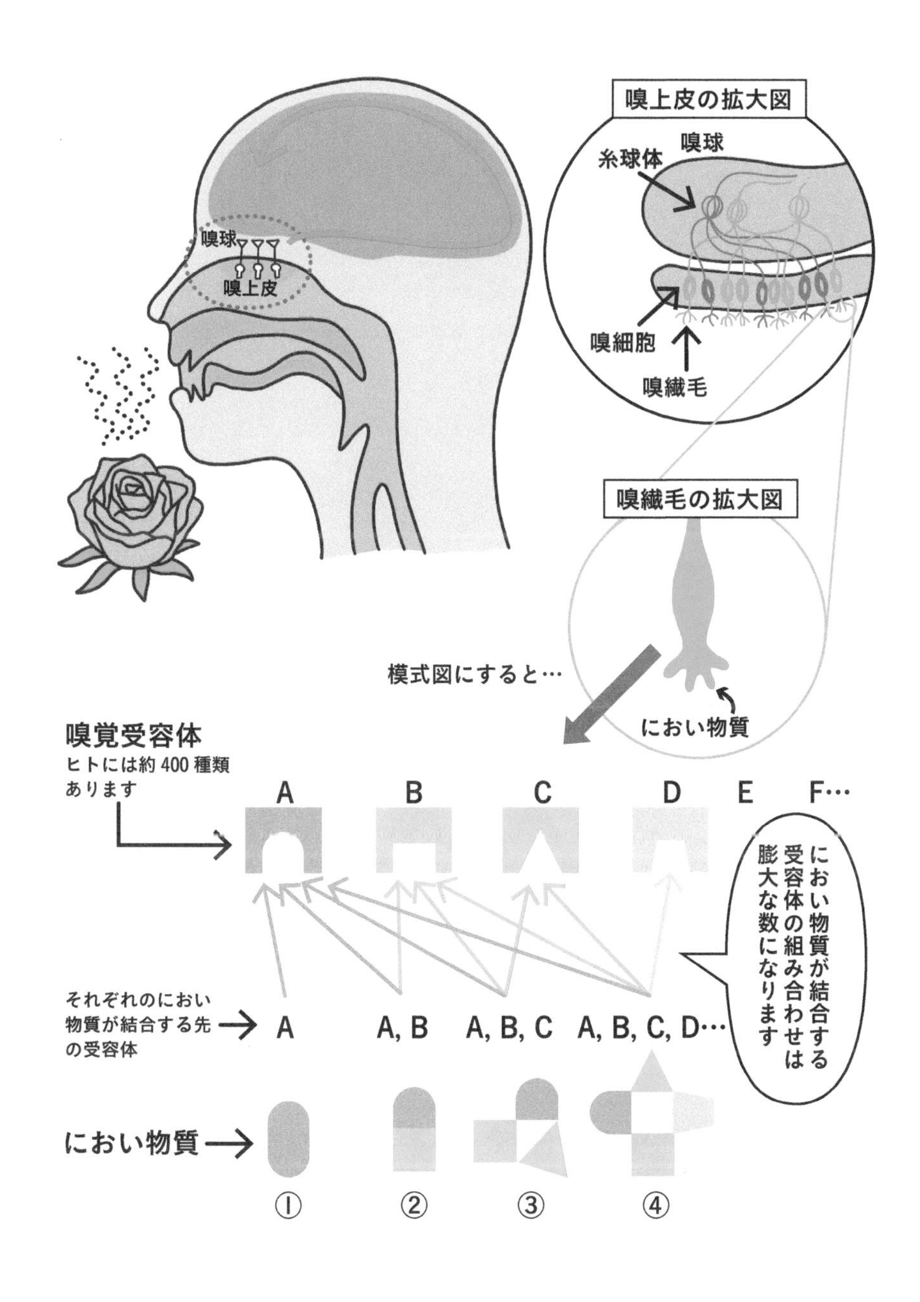
嗅球
嗅上皮
嗅上皮の拡大図
嗅球
糸球体
嗅細胞
嗅繊毛
嗅繊毛の拡大図
模式図にすると…
におい物質
嗅覚受容体
ヒトには約 400 種類
あります
A
B
C
D
E
F…
においい物質が結合する受容体の組み合わせは膨大な数になります
それぞれのにおい
物質が結合する先
の受容体
A
A, B
A, B, C
A, B, C, D…
におい物質
①
②
③
④

受容体から脳へ

受容体がにおい物質を受けとると，嗅細胞が活性化し，におい物質の化学信号が電気信号に変換され，脳の組織のひとつである嗅球のなかにある糸球体（しきゅうたい）に伝達されます。1つの糸球体には同じ種類の受容体をもつ複数の嗅細胞からの信号が集まってきます。

複数のにおい物質の集合体である花や食べ物のにおいでは，においを構成するにおい物質ごとに結合する受容体の組み合わせが異なり，さらにそれぞれの受容体からの信号が伝わる糸球体の組み合わせも異なるため，それぞれのにおい物質の違いを感じることができるのです。

嗅細胞から糸球体に集められた信号は，嗅球から嗅皮質，さらに情動に深く関与する扁桃体や視床下部，記憶をつかさどる海馬，価値を判断する前頭眼窩皮質などに伝わることで，バラのにおい，イチゴのにおいというひとつの「におい」として認知され，「いいにおい」「嫌なにおい」という判断がなされます。

においの感知機構の話
電気信号に変換される情報

受容体がにおい物質を受けとると，いろいろな行程を経て化学信号から電気信号に変換されます。ここではその変換過程について詳しくみていきましょう。

におい物質を受けとる受容体は嗅繊毛の表面膜を7回貫通するような構造をしたタンパク質で，7つの膜貫通部分にとり囲まれてにおい物質を受けとるポケットのようなかたちになっています。このタンパク質はGタンパク質結合型受容体（GPCR）とよばれる受容体で，細胞膜を貫通する部位と，細胞内部の両方につながるかたちでGタンパク質（GTP）が結合しています。Gタンパク質はにおい情報を細胞内の生化学的な反応へと切り替える重要な役割を担っています。まず，嗅細胞内にあるGタンパク質ににおい物質が吸着します（①）。すると，Gタンパク質の一部が分離して（②），細胞内に存在するアデニル酸シクラーゼという物質に結合します（③）。この作用によりセカンドメッセンジャー（におい物質のように受容体に結合する第一信号物質に対し，細胞内の信号伝達のために使われる第二の物質）として知られるサイクリックAMP（cAMP）が次々とつくられ，嗅細胞のなかのcAMP濃度が上昇します（④）。すると，このcAMPは，同じ嗅繊毛の表面膜にある陽イオンチャネルに結合します（⑤）。その結果，この陽イオンチャネルが活性化して開かれるため，ナトリウムやカルシウムなどの陽イオンが細胞外から細胞内に向けて流入し，電位差が発生して嗅細胞が興奮し，電気信号が発生するのです（⑥）。このように，鼻腔から入ったにおい物質の化学信号が嗅細胞を活性化して電気信号に変換され，この電気信号が嗅細胞から出る神経突起（軸索）を伝わって嗅球に流れ込んでいくのです。

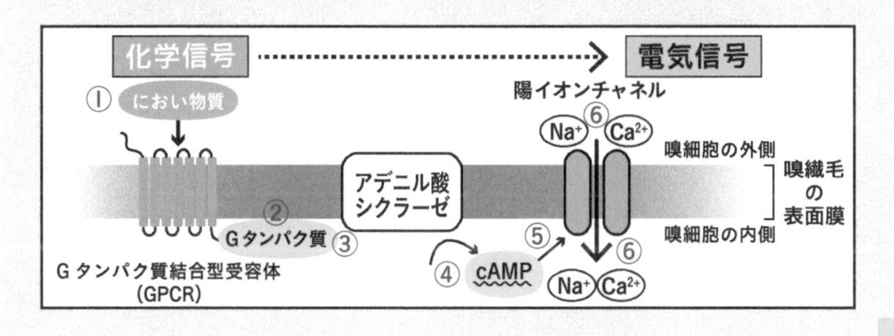

SECTION 3.3

においが記憶に与える影響

におい物質が鼻から入り，嗅細胞の受容体に受けとられて電気信号に変換された後，嗅球のなかにある糸球体で統合された信号が脳に伝わることをみてきました。ここではにおいと記憶との関係についてみていきましょう。

嗅球から発信された電気信号は，嗅皮質から，さらに脳の他の部位に伝達されてにおいとして認知されるわけですが，その伝達ルートは複雑で，いまだ解明されていない部分が多く残っています。なかでも，においと記憶の結びつきに大きく影響を与えているのは，記憶や空間学習能力にかかわる器官である海馬を経由したルートです。見たものや聞いたものなど，さまざまな情報が扁桃体や海馬に伝わり，好き嫌いの判断に使われたり，記憶と結びついたりします。そのなかでにおいの伝達ルートは他の感覚のルートと比べて単純かつ直接的に視床下部や扁桃体，海馬に入っていきます。そのため，においによって素早く記憶がよみがり，より直接的に心を動かすことにつながっていると考えられています。

みなさんは何かのにおいで昔の出来事を思い出したという経験はありませんか。これは人間の脳の構造上，においにかかわる部分と記憶にかかわる部分には密接な関係があるからなのです。たとえば，友達がいつも同じ香水をつけていて，街角でその香水の香りがするとその友達をふと思い出したり，たき火のにおいを嗅いで家族で行ったキャンプのことを思い出すなど，においで呼び起こされる記憶のなかにはずいぶん昔のことなのに，鮮明に思い出すことができるものがあります。このように，特定のにおいが記憶や感情を呼び起こす現象を「プルースト効果」とよびます。においを嗅いだ瞬間にパッと記憶がよみがえるのは，においと記憶の結びつきが大きく影響しているからなのです。

column

プルースト効果

フランスの文豪，マルセル・プルースト（1871～1922）が書いた『失われた時を求めて』は，無意識な記憶によってよみがえる自分の過去の時間を見つめる「時間の心理学」をテーマにした長編小説です。普段はほとんど思い出すことのない幼少時の出来事を，紅茶に浸したマドレーヌの香りを嗅いで突然呼び起こされたことを描写していることから，においで過去の記憶や感情が鮮明に想起されることを「プルースト効果」とよびます。

SECTION

3.4 別の嗅覚系で嗅ぐにおい

みなさんは，ほかの動物にはもうひとつ別の嗅覚系が存在していることを知っていますか。ここでは，そのもうひとつの嗅覚系についてみていきましょう。

肺呼吸をする動物の多くは，2つの嗅覚系をもっているといわれています。1つめはこれまで説明してきた主嗅覚系であり，2つめは動物のコミュニケーション物質であるフェロモンを感知する副嗅覚系（鋤鼻（じょび）系）といわれるものです。この嗅覚系は，脊椎動物が陸に上がり，進化していく過程で発達し，特にヘビなどの爬虫類においてよく発達していきました。

主嗅覚系は3.2節（100ページ）で述べたとおり，受容器である嗅覚器内の嗅細胞がにおい物質を受けとり，嗅球，大脳辺縁系を通って，大脳皮質に伝わってにおいを感じる経路で，においで餌を探したり外敵から逃避したりするなどの役割を担っています。つまり，個体自身の生存にかかわる系といえます。一方の副嗅覚系は，受容器である鋤鼻器内の鋤鼻細胞がフェロモンを受けとり，その信号が副嗅球や扁桃体を通って視床下部に伝わります。内分泌系や自律神経系を働かせて，生殖や育児行動にかかわるなど動物の種の維持に必要な系といえます。鋤鼻細胞で受容されるフェロモンは，主嗅覚系の嗅細胞でも受容されることがわかっていますが，動物が必ずしもフェロモンをにおいとして認識しているわけではないようです。また，生物の種によってフェロモン物質は異なり，さまざまな化学物質がその行動に影響を与えています。

現在では一部の霊長類，イルカやクジラなどの水生哺乳類，鳥類には副嗅覚系は備わっておらず，ヒトでは，鋤鼻器は胎児期には認められるものの，成長に伴って退化し，存在しても痕跡程度だといわれています。ヒトや鳥類では視覚，水生哺乳類では聴覚が主な情報収集源で，それらの感覚から得る情報から情動が生まれ，行動を判断することが多いといわれています。副嗅覚系が発達している生物種は，種の繁栄や存続などのために，においから情報を得ているといえるでしょう。

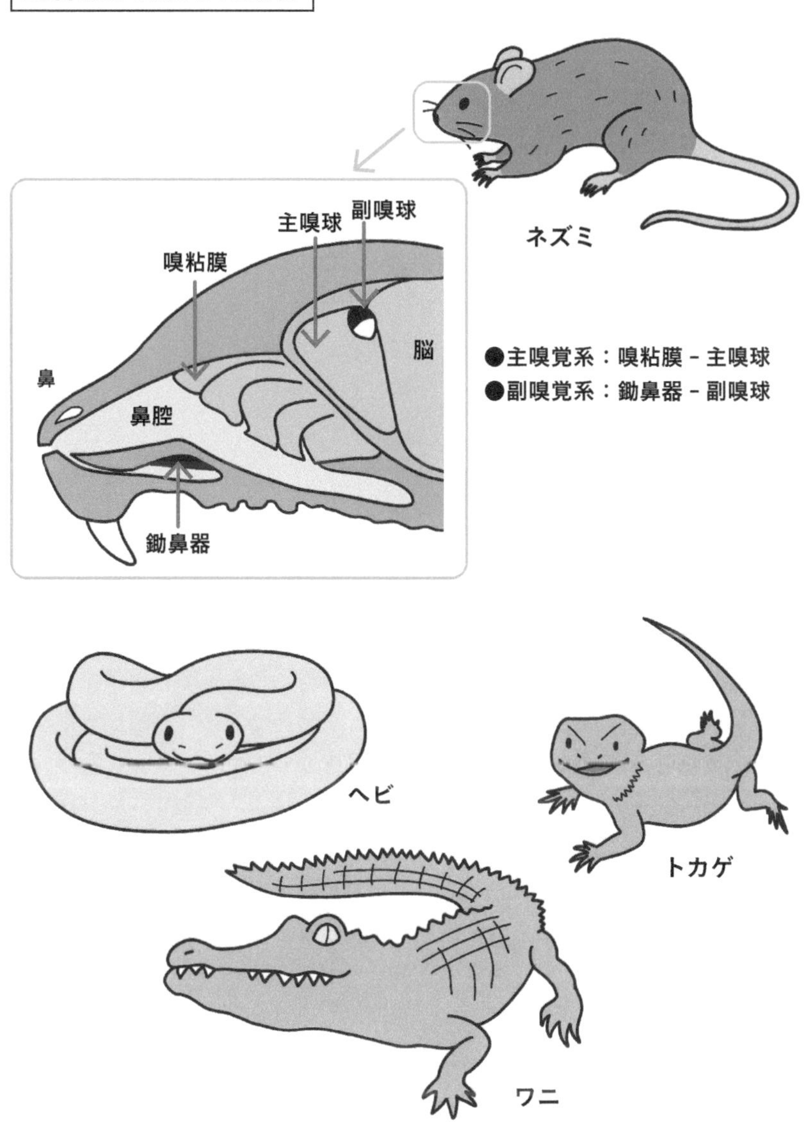
鋤鼻系が発達した動物
ネズミ
副嗅球
主嗅球
嗅粘膜
脳
鼻
鼻腔
鋤鼻器
●主嗅覚系：嗅粘膜 - 主嗅球
●副嗅覚系：鋤鼻器 - 副嗅球
ヘビ
トカゲ
ワニ

SECTION

3.5 におい物質がたどる道

これまで述べてきたように，私たちはにおい物質を鼻の奥の嗅細胞で受けとることでにおいを感じています。ここではにおい物質が嗅細胞に受けとられるまでの２つの経路についてみていきましょう。

目の前にイチゴがあります。そのにおいを嗅ぐと，空気とともに鼻の穴から吸い込まれたにおい物質が鼻の奥へと運ばれ嗅細胞へたどり着きます。この通り道を「オルソネーザル経路」とよびます。一方，におい物質が嗅細胞まで届く別の経路もあります。空気とともに口のなかや消化器管から咽頭を通って嗅細胞へと届く経路で，これを「レトロネーザル経路」とよびます。オルソネーザル経路は外気のにおいを，レトロネーザル経路は体内のにおいを感じることに役立っています。外気のにおいは想像しやすいものですが，体内のにおいとはいったい何でしょうか。実は，食べ物を口にしたとき，私たちは味だけではなく口のなかのにおいも感じていて，全体を「風味」としてとらえています。詳しくは110ページで説明しますが，レトロネーザル経路で感じるにおいがあることで，私たちはさまざまな感覚的な情報を得ています。これがなければおいしさを感じることもなく，食事が味気ないものになってしまうでしょう。

一般的に，イヌは人間より鼻が利くといわれていますが，それはオルソネーザル経路で感じる嗅覚に関しての話です。イヌはレトロネーザル経路が狭く短いため，この経路でのにおいを感じることが苦手です。つまり，レトロネーザル経路では「人間はイヌよりも鼻がいい」といっても過言ではないでしょう。

進化のうえで人間の嗅覚は退化したといわれますが，レトロネーザル経路に関してはにおいを感じるしくみを進化させてきました。この進化があったからこそ，私たちは食においしさを感じ，味とともに香りを求め，食材や調理法などを多様化させてきたのです。

オルソネーザル経路　鼻から入ったにおい物質が鼻腔内に運ばれます

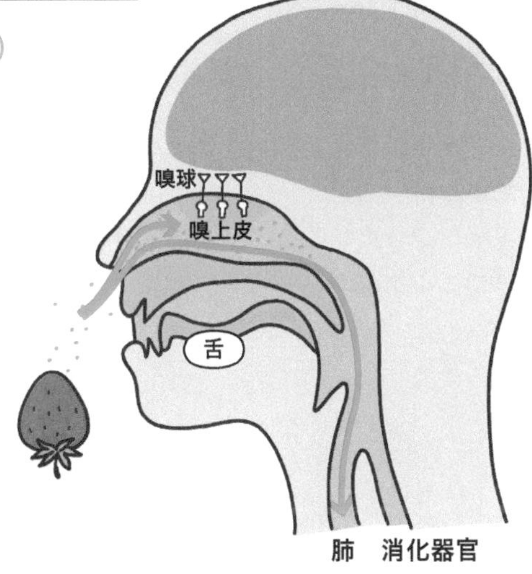

レトロネーザル経路　食べ物を口に入れたときににおい物質が喉を通って鼻に抜けます

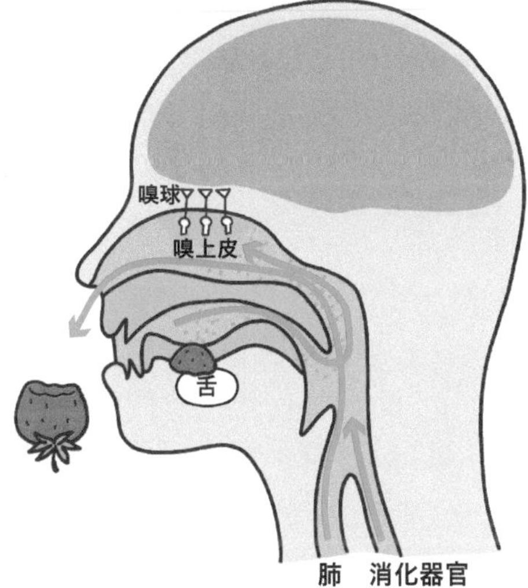

口のなかの食べ物から出たにおい物質は
喉の奥から呼吸とともに運ばれて嗅上皮に達します

SECTION 3.6

風味とにおいの関係
におい，味，風味

なんだかおなかが空いてきました。先ほど述べたように，私たちが感じる風味には味とにおいが大きな役割を担っているといわれています。ここでは，味とにおいに着目して風味についてみていきましょう。

まず，味とにおいの関係を確認するために簡単な実験をしてみます。リンゴとブドウの２種類のジュースを準備して，最初に鼻をつまんでリンゴジュースを飲み，どのような味に感じるか，試してみてください。次にゴクンと飲み込んだ後に鼻をつまんだ手を離してください。どのように感じますか。ブドウジュースも同じように試してみてください。手を離したとたんにブドウやリンゴのにおいを感じ，さらに甘味や酸味も強くなり，ジュースとしてのおいしさを感じることができると思います。

さて，みなさんは「ブドウ味のジュース」という表現をしていませんか。この実験で，私たちがブドウやリンゴと認識しているのは舌で感じる「味」の情報だけではなく，鼻で感じる「におい」の情報もかかわっている「風味」によるものであることがわかります。「ブドウ風味のジュース」がより正確な言い方といえます。また，私たちがおいしさを感じるために「におい」がとても重要な役割を果たしていることも気づいたでしょう。このことは風邪や花粉症などで鼻がつまったときに，食べ物がおいしく感じなくなることからもわかります。

炊きたてのあつあつのごはんの香り，出汁（だし）が効いた湯気のたつお味噌汁，パリパリのポテトチップス……。食べ物を思い浮かべると，味やにおいだけではなく，温度や食感，音や見ためなど，さまざまな感覚が思い出されます。つまり，広い意味で風味は五感すべての情報をもとに形成されているのです。

①リンゴジュースを鼻をつまんだまま飲み込みます　②鼻をつまんだ指を離します

食事のときに働く５つの感覚 ～イチゴの場合～

味とにおいの相互作用

みなさんは家で出汁(だし)をとったことはありますか。かつお節，昆布，煮干しなど地域差はありますが，日本料理ではかつお出汁と昆布出汁を組み合わせた「合わせ出汁」がよく使われます。実際に，かつお出汁，昆布出汁それぞれと，２つを混ぜた合わせ出汁の味を比べると，驚くほど味が違うことがわかります。合わせ出汁からは，かつお出汁や昆布出汁それぞれに感じるうま味よりも，はるかに強いうま味を感じます。この現象は科学的にも証明されていて，かつお節に含まれるうま味成分「イノシン酸」と，昆布に含まれるうま味成分「グルタミン酸」がうま味の相乗効果をもつために，２つの出汁の味を足すよりも何倍も強いうま味を感じるのです。もうひとつの代表的な出汁に干しシイタケの戻し汁があります。干しシイタケのうま味成分は「グアニル酸」です。同じようにグルタミン酸やイノシン酸を合わせると相乗効果が生まれます。昔から日本人はこれらの物質のことなど知らなくても，経験的にこうした食材の組み合わせの効果を見抜いて料理にとり入れてきたのです。

この例はイノシン酸の「味」とグルタミン酸の「味」という味覚どうしの組み合わせによって起こる現象です。では「におい」と「におい」という嗅覚どうしの組み合わせではどのようなことが起きているでしょうか。

「におい」と「におい」の相互作用は，食卓のなかから見つけることができます。たとえば肉を調理するとき，臭み消しとしてローズマリーやタイムなどのハーブを使います。これはローズマリーやタイムの「におい」と，肉の「におい」の相互作用で，肉の好ましくない臭みをわかりにくくさせる，マスキングという効果を利用しています。これらの「味」と「味」，「におい」と「におい」といった同じ種類の感覚どうしで起こる影響を与える相互作用をインターモーダルな相互作用とよびます。

一方，「味」と「におい」という異なる感覚どうしでも相互作用を起こすことが知られています。これをクロスモーダルな相互作用とよびます。イチゴやバニラのにおいを嗅いで，甘い味のついた水を飲むと甘味が強くなったように感じたり，醤油のにおいを嗅いで塩水をなめると塩味をより強く感じたりすることが実験からわかっています。においをつけることで，砂糖や塩の量を減らしても甘味や塩味が変わらないように感じる効果が期待されます。現在では，このようににおいの効果を利用した低糖質や減塩をうたった加工食品が多く開発されています。

インターモーダルな相互作用
味覚
味覚
嗅覚
嗅覚
クロスモーダルな相互作用
視覚
味覚
味覚
嗅覚
昆布出汁
（グルタミン酸）
かつお出汁
（イノシン酸）
プリンをつくる
バニラエッセンス
砂糖
卵
牛乳
砂糖
卵
牛乳
バニラエッセンスなし
バニラエッセンス入り
おいしい…
バニラの香りが
するほうが甘い！
合わせ出汁がきいたお吸いもの

SECTION 3.7

クロスモーダルな相互作用はどこで起こる？

味とにおいだけではなく，視覚や聴覚，触覚までが風味形成にかかわるのはなぜでしょうか。ここでは味とにおいを感じるしくみから風味を形成するさまざまな感覚のクロスモーダルな相互作用をみていきましょう。

私たちが食べ物を口にすると，口のなかでは味覚受容体で味物質が受容され，鼻のなかでは嗅覚受容体でにおい物質が受容されます。味覚受容体から生じた電気信号は脳に伝わり，孤束核（こそくかく），視床を通って大脳の表面部分にある大脳皮質の一次味覚野へと伝えられます。一次味覚野に伝えられた信号はさらに前頭葉の前頭眼窩皮質へと伝達されていきます（①の経路）。一方，嗅覚受容体からの電気信号は嗅球から嗅皮質，扁桃体や海馬など大脳辺縁系を経由して前頭眼窩皮質へと伝わります（②の経路）。このように，味とにおいの信号は，はじめは別々のルートを通りますが，最後は前頭眼窩皮質で交差することがわかります。この交差する場所こそが相互作用が起こる場所ではないかと考えられています。

前頭眼窩皮質には味やにおいの情報に加えて，見ため（視覚）や口触り（触覚）といった五感の情報も集まってきます。つまり，クロスモーダルな相互作用は，においと味だけではなく，見ためや口触り，温度，音などあらゆる感覚どうしで起こり，「風味」をかたちづくっているのです。見ためと風味の関係ではフランスのボルドー大学で行われた研究がこの相互作用による影響を示しています。ワイン醸造学科で学ぶ大学生に，白ワインとそれを赤く着色したワイン２種類をテイスティングさせたところ，ほとんどの学生は着色した白ワインを赤ワインと思い込んでしまいました。さらに，目隠しした状態ではこの２つのワインを区別することができませんでした。ワイン醸造を学ぶ学生でも視覚の影響で風味が変わってしまうのです。前頭眼窩皮質は，大脳辺縁系から情動や記憶・学習・報酬の情報も受けとっています。想像してみてください，ひとりで食事をする場合と，家族や友人と食卓を囲む場合ではその風味も変わってきませんか。このような違いは，精神的な機能にかかわる脳領域が五感

クロスモーダルな相互作用

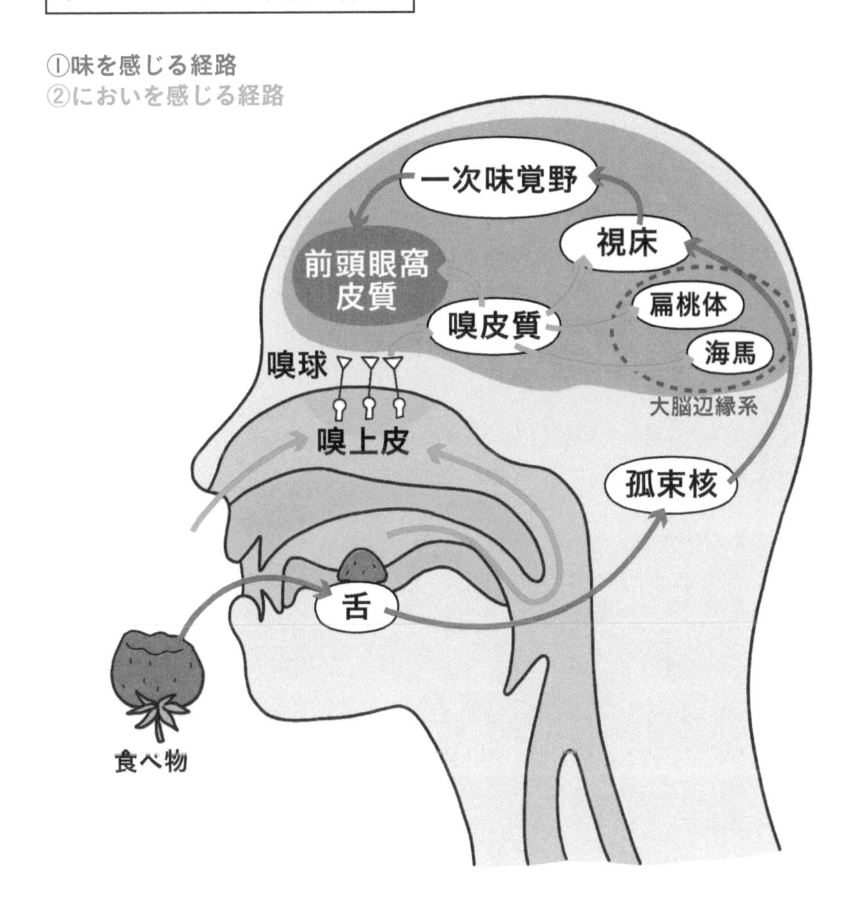

の情報が集まる前頭眼窩皮質とかかわりあっているからとも考えられています。

味とにおいの相互作用（味覚）

味の話題が出てきたので，ここでは味覚に関してみていきましょう。

味もにおいと同じように，受容体というポケットに味物質が受けとられ，電気信号が脳まで送られることで味を感じます。詳しくみていきましょう。舌の表面には「味蕾（みらい）」とよばれる，花の蕾（つぼみ）のような形をした器官が存在しています。味蕾は甘味・苦味・酸味・塩味・うま味の基本五味に対応する各味細胞で構成されています。味細胞の表面には受容体が存在しています。ここに味物質が受けとられると，味神経を経て化学信号が電気信号に変換され，脳へと伝達されます。実は味蕾は舌以外に上顎や喉にも存在していて，食べ物を飲み込むときに味を感じることにも役立っています。

ここではうま味の相乗効果がなぜ起こるのか，受容体に着目して調べた実験を紹介しましょう。うま味物質が受容体に強く結びつくと脳に伝わる信号も強くなり，うま味を強く感じます。実験では，うま味物質と受容体の結合を調べるためにＸ線撮影でも使われているＸ線を使って，うま味物質があるときとないときの受容体タンパク質の形を分子レベルで推定し，うま味の強さとの関係を調べています。うま味物質の受容体を例に，①うま味物質がないとき，②うま味物質としてグルタミン酸だけがあるとき，③うま味物質としてグルタミン酸とグアニル酸の両方があるときのうま味受容体の構造を比べてみました。実際の受容体タンパク質はとても複雑な形状をしていますが，右図では模式的に示しています。グルタミン酸とグアニル酸の両方があるときには，ほかの構造と比べて受容体のくちばし部分が閉じていることがわかります。つまり，うま味物質が受容体から離れにくくなっているのです。相乗効果が起こる理由は，こうした構造の変化によるものなのです。

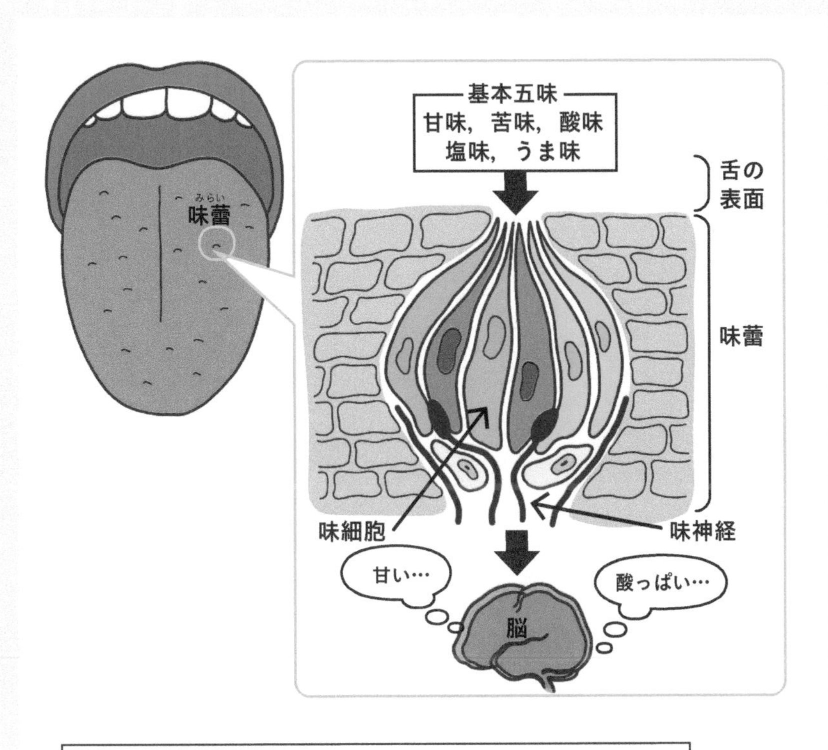
味蕾(みらい)
基本五味
甘味，苦味，酸味
塩味，うま味
舌の
表面
味蕾
味細胞
味神経
甘い…
酸っぱい…
脳

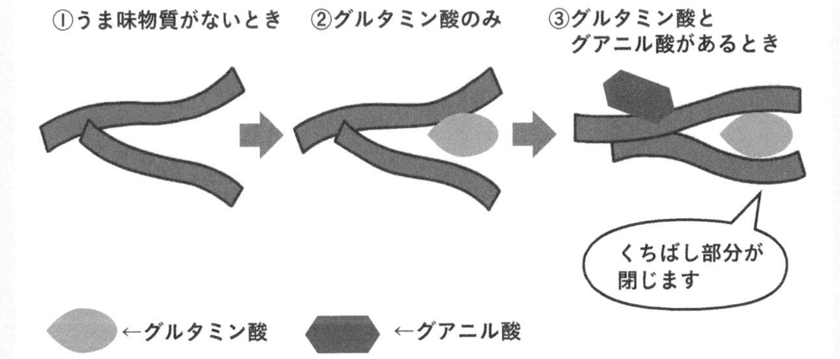
うま味を抱きしめる受容体 ～X線解析イメージ図～
①うま味物質がないとき
②グルタミン酸のみ
③グルタミン酸と
グアニル酸があるとき
くちばし部分が
閉じます
←グルタミン酸
←グアニル酸

人間の目では見ることができないにおいが，どのように人体のなかにとり込まれて情報として伝わり，認知されるのかみてきました。次の章では，人間がどのようににおいを利用してきたのか歴史とともにみていきましょう。

CHAPTER IV

An Illustrated Guide to Mysteries of the Fragrance and Flavor

においを積極的に活用した人類の歴史

いつの時代においてもにおいは近くにあり，その時代の人々を魅了してきました。

目には見えないけれど，確かにそこにあるにおいに神秘的な様を見出した古代の人々，バラの香りを愛したクレオパトラ，スパイスと黄金を求めて海を渡ったコロンブス，遠征に何本もの香水を携行したナポレオン。伽羅の香りを好んだ織田信長や，東南アジアからわざわざ香木を取り寄せた徳川家康など，その様子は過去の記録からもうかがい知ることができます。

近世になると，科学技術の進歩とあわせて，においを化学的に解明する研究も進み，においはたくさんのにおい物質が絶妙な組み合わせとバランスで構成されているものであることもわかりました。

私たち人類は，どのようににおいを手に入れて活用するようになっていったのか，その歩みをみていきましょう。

SECTION 4.1

西洋の香料の歴史

紀元前30世紀

香料の登場（メソポタミア）

紀元前3000年のメソポタミア地方で，シュメール人は没薬（もつやく）や乳香など樹木から分泌される樹脂を使って香油をつくっていました。そしてレバノンセダー（ヒマラヤスギ属）を焚（た）いて神に薫香（くんこう）として捧げていたともいわれています。

ミイラづくりと香料（エジプト）

古代エジプトでは王や高貴な人が亡くなると，亡骸（なきがら）をミイラとして手厚く葬りました。ミイラづくりには防腐剤として香料がたくさん使用されました。用いられた香料は没薬や白檀（びゃくだん），肉桂（にっけい）などで，特に没薬には強い防腐・防臭作用があり多用されました。

紀元前20世紀

香料の用途の広がり（ギリシャ・エジプト）

ギリシャでの王侯貴族や上流階級の人たちは身体によいにおいをつけるために香を焚き，香料入りの水で沐浴したり香膏（こうこう）（香りのついた軟膏（なんこう））を身体に塗ったりしました。また，ワインに没薬を入れるなど，食べ物にも香料を使ったとされています。

エジプトでは現在の調合香料のようなキフィというものもつくられていました。

紀元前4世紀

香りの交易①

マケドニア王国のアレクサンドロス大王（356BC～323BC）は遠くインドまで遠征して東方地域の香料も調査しました。以降，ギリシャとオリエント地域の交易も盛んになり，香料の調合技術が向上し使用量も増加していきました。“植物学の父”とよばれたギリシャのテオプラストス（371BC～287BC）は精油の特性やハーブ類の利用方法を『植物誌』に記しています。

ミイラづくり

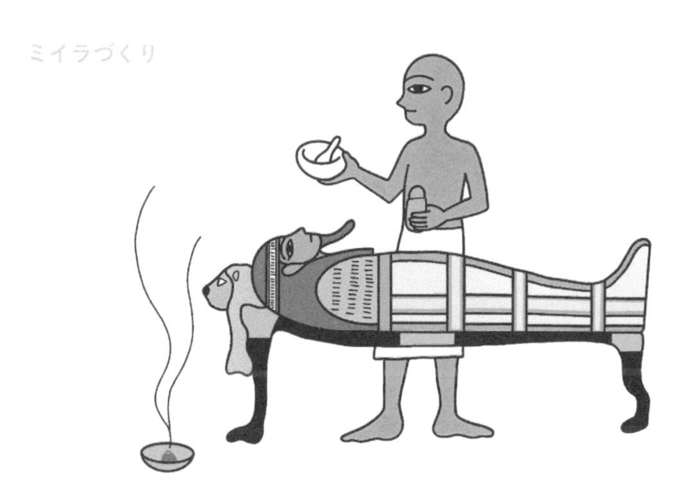

ミイラの語源は没薬（ミルラ）ともいわれています。ツタンカーメンの王墓からは香油壺が発掘され，なかからは3000年以上の時を超えてほのかな香りがしたといわれています。

クレオパトラ

クレオパトラ（69BC〜30BC）はバラの花を浮かべた風呂に浸り，寝室に大量のバラを敷きつめたなど，バラの香りを愛したエピソードが残っています。

1～4世紀

香料の大量使用（ローマ帝国）

ローマでも香料はたくさん使用されました。皇帝ネロ（37～68）が開催した宴会では大量のバラに埋もれて窒息死した客もいたそうです。

ローマ帝国には各都市に公衆入浴場があり，入浴を楽しんだ後には奴隷にたっぷりの香油や香膏を身体に塗らせ，部屋や衣服にも香りをつけました。また，香料を求めて西アジアから中国まで交易ルートを拡大させました。

10世紀

水蒸気蒸留技術の確立

ペルシャの偉大な哲学者・医学者イブン・シーナー（980～1037）は水蒸気蒸留技術を確立し，バラの精油を効率的に抽出することに成功しました。

11世紀

香りの交易②～十字軍遠征～

キリスト教徒による聖地エルサレム奪還を目的として，11世紀から200年にわたり十字軍が派遣されました。これ以降，東西交易が進み，ペルシャの蒸留技術やスパイス類，東洋の香料がヨーロッパに伝わりました。

13～14世紀

香水のはじまり（ヨーロッパ）

エチルアルコールの精製に成功したのは13世紀といわれています。エチルアルコールはそれ自体のにおいが弱く，におい成分が溶けやすく香りだちを高めることから，その後の香水・香料の発展に大きく貢献しました。

14世紀にはローズマリーをエチルアルコールとともに蒸留した「ハンガリーウォーター」がつくられ，ヨーロッパ中で話題になりました。これが香水の起源のひとつといわれています。

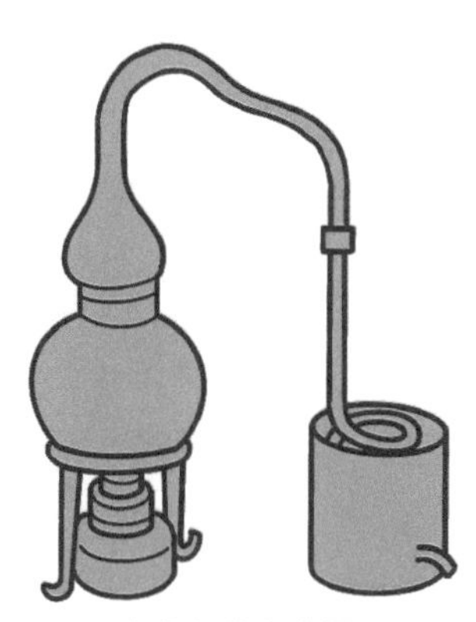
水蒸気蒸留装置

十字軍の兵士

高濃度のアルコールは
「生命の水」とよばれました。

ローズマリー

修道院

中世の修道院や教会では野菜やハーブの収穫，ビールやワインの製造も行っていました。また，病院の役割も担って，医療行為も行われていました。

15世紀

香料の需要拡大

肉食が中心のヨーロッパでは調味料や保存料として香料は欠かせないものでした。また，度重なり流行したペスト（黒死病）などの疫病の予防・治療薬としても香料が使用されました。

大航海時代の幕開け

羅針盤の改良や遠洋航海が可能な帆船が開発されたことで西洋各国は新航路の開拓を進めます。特にポルトガルとスペインが積極的で，1492年にコロンブス（1451～1506）が新大陸（実際はバハマ諸島）に到達しました。1498年にはヴァスコ・ダ・ガマ（1460頃～1524）がインドに到着してスパイスを持ち帰ることに成功しました。インド航路の発見によって，イスラム商人が中継ぎをしていたスパイス交易は，産地と直接取引ができるようになりました。

その後，ヨーロッパ諸国は王権とキリスト教の布教拡大を名目に，領土拡大とスパイス類の獲得をめざして，アメリカ大陸や東南アジア地域に続々と進出していきました。新航路発見により，西洋にもたらされたトウガラシやカカオ，バニラ，タバコはその後の人々の食習慣や生活に大きな影響を与えました。

column “香水のメッカ”グラース

グラースは，南フランスのプロヴァンス地方にある，なめし皮産業が盛んな町でした。なめした皮はそのままでは動物臭が強いため，周辺で採れるオークやギンバイカをなめし液の原料として使用していたことから，グラース製の皮手袋は香りがよいと評判でした。メディチ家(イタリア)出身のカトリーヌはフランスに嫁ぐ際にグラースに立ち寄り，その地を香料栽培に適していると見定めて従者を残しました。グラース製の皮手袋を贈られた夫のアンリ２世はたいそう気に入り，増産を命じました。グラースは“香水のメッカ”とよばれ，今でも多くの香水メーカーや香料会社が拠点を置いています。

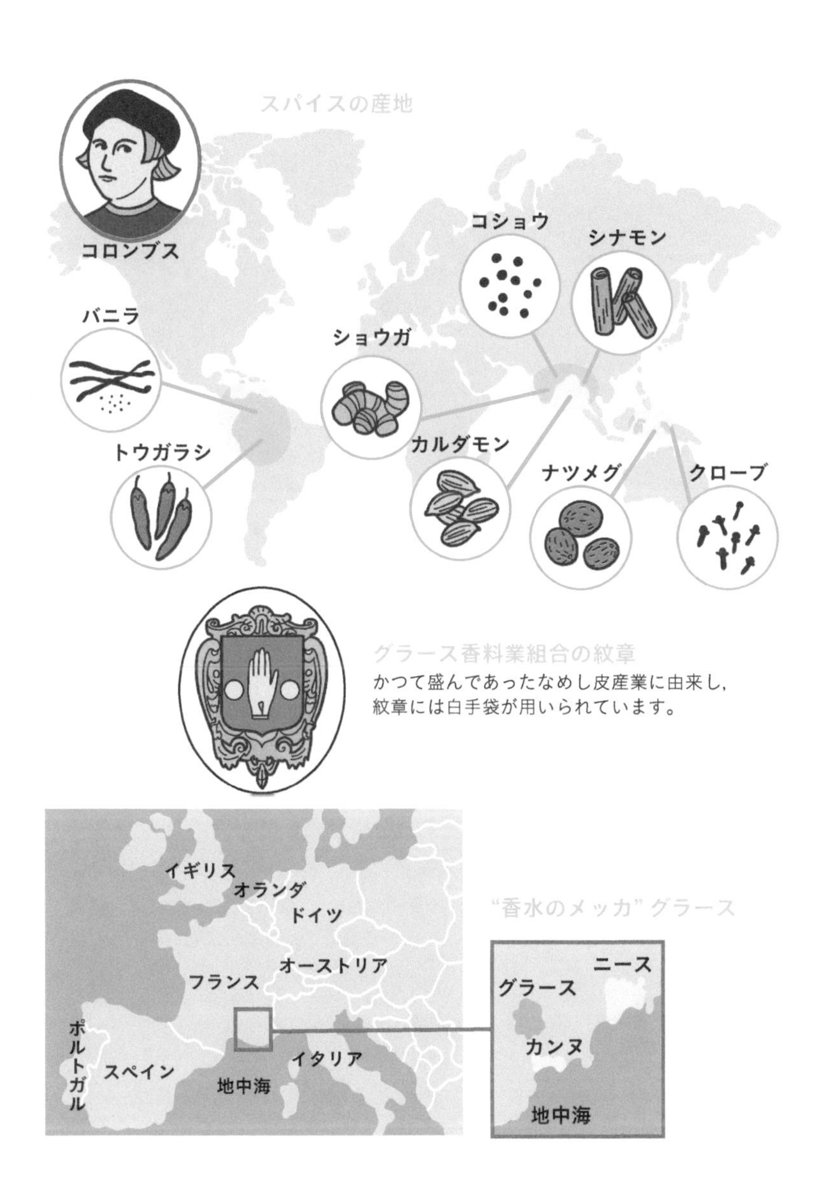
スパイスの産地
コロンブス
コショウ
シナモン
バニラ
ショウガ
トウガラシ
カルダモン
ナツメグ
クローブ
グラース香料業組合の紋章
かつて盛んであったなめし皮産業に由来し，
紋章には白手袋が用いられています。
イギリス
オランダ
ドイツ
フランス
オーストリア
ポルトガル
スペイン
地中海
イタリア
“香水のメッカ”グラース
ニース
グラース
カンヌ
地中海

スパイス戦争

新航路発見によりスパイス貿易は拡大し，巨大な利益を巡ってヨーロッパ各国は生産地の争奪戦をくり広げました。

イギリスは東インド会社をつくり，香辛料貿易や植民地支配に力を入れました。オランダはジャワ島を統治下に置いてアジア地域への進出の足がかりとし，スペインはフィリピンを領有しました。フランスはスパイスの苗木（クローブ，ナツメグ）をアジアの生育地から持ち出し，自国領で栽培することに成功しました。

フランスの香水文化

“太陽王”とよばれたルイ 14 世（1638 〜 1715）の時代には，王侯貴族の間で香水がたくさん使われるようになりました。ポンパドゥール夫人は香料に関心が深く，ネロリオイルの香りのついた皮手袋を流行させたといわれています。

ルイ 16 世の王妃マリー・アントワネット（1755 〜 1793）はバラとスミレの華やかな香りを好み，ヴェルサイユ宮殿を香りで満たしました。

オー・デ・コロンの誕生「ケルンの水」

ケルン（ドイツ）の香水職人が中世の「ハンガリーウォーター」を参考に，ハーブを調合して香りをつけた「アクア・ミラビリス（素晴らしい水）」はたちまち評判となりました。フランスに伝わると“Eau de Cologne（仏語：ケルンの水）”とよばれるようになりました。これがオー・デ・コロンの語源といわれています。

ヴェルサイユ宮殿と貴族

ヴェルサイユ宮殿はトイレがないことで有名です。当時の貴族は入浴や下着を替えるという習慣がなかったので，身体のにおいや排泄物のにおいを消すためにも香水は必需品でした。

香水好きの皇帝

フランス革命後の混乱を収めて皇帝に即位したナポレオン1世（1769〜1821）は1日に何本ものオー・デ・コロンを使うほどの香水好きでした。柑橘系のさわやかな香りを好み，外国へ遠征する際にはたくさんの香水を携行したといわれています。

香水メーカーの誕生

1770年にイギリスでヤードレー社が設立されました。以後，イギリスやフランスの大都市には香水を専門にとり扱う会社が続々と創業しました。なかには現在まで続く香水メーカーもあります。

近代科学の発展

抽出技術や化学の手法を用いた分析技術の進歩により，合成香料が登場しました。

特にドイツは化学工業が盛んで，“農芸化学の父”といわれたユストゥス・フォン・リービッヒ（1803〜1873）はドイツが有機化学の中心となる礎を築きました。

1851年にイギリスのロンドンで第1回万国博覧会が開催されました。そこでは合成香料であるエステル類を使用したフレーバーが出展されて会場を大きく沸かせました。

19世紀には，いろいろな科学者らによってシンナムアルデヒドやベンズアルデヒド，クマリン，バニリン，ボルネオールなどの化合物の単離や合成に成功しました。有機溶剤を用いたアブソリュート製造方法も発明されました。

合成香料の登場は香水産業にも飛躍をもたらし，独創的で芸術的な香水が誕生しました。

オー・デ・コロン

ファリナ
世界で最初に発売

4711
現存する最古のオー・デ・コロン

ナポレオン1世

オー・デ・コロンを胃腸薬としても使っていたといわれています。

実験室

化合物発見の歴史

【単　離】	【合　成】
1832年 シンナムアルデヒド（デュマ，ペリゴ）	1850年 エステル（ウィリアムソン）
1837年 ベンズアルデヒド（リービッヒ，ウェーラー）	1868年 クマリン（パーキン）
1840年 ボルネオール（ペロウズ）	1876年 バニリン（ティーマン，ハーマン，ラーマン）
	1893年 イオノン（ティーマンら）

香料会社の設立

ドイツやスイス，アメリカで香料を専門にとり扱う香料会社が設立されました。香料会社では，天然香料の販売や合成香料・調合香料の製造・販売が主な仕事でした。なかにはバニリンの合成に成功した科学者らによって設立された会社もあります。欧米の香料会社は合併や吸収をくり返し，現在では世界の香料会社の上位を占めています。

香水産業の隆盛

現代でも人気の香水「ミツコ」（ゲラン）や「シャネル№5」（シャネル）が発売されました。「シャネル№5」は白夜の北極圏をイメージして創作したといわれ，調香の世界に新境地を切り開くものでした。

食品加工技術の発達

さまざまな科学研究から現代の加工食品にもつながる製造法や製品が発明されました。果汁の香りや風味を損なわずに長期間保存可能な加熱殺菌法が開発され，のちに日本でも一大ブームを巻き起こすオレンジフレーバーを使った瓶入りジュースが発売されました。レトルトパウチ食品は1950年代に宇宙食用に開発されました。

香料化学の発展と近代化

20世紀になると「テルペン化学の研究」でヴァラッハ，「ムスコンの構造決定」でルジチカがそれぞれノーベル化学賞を受賞するなど香料化学分野の研究はますます発展していきました。

1952年にはイギリスでガスクロマトグラフという分析装置が開発され，以後，においの分析技術が飛躍的に進歩していきます。

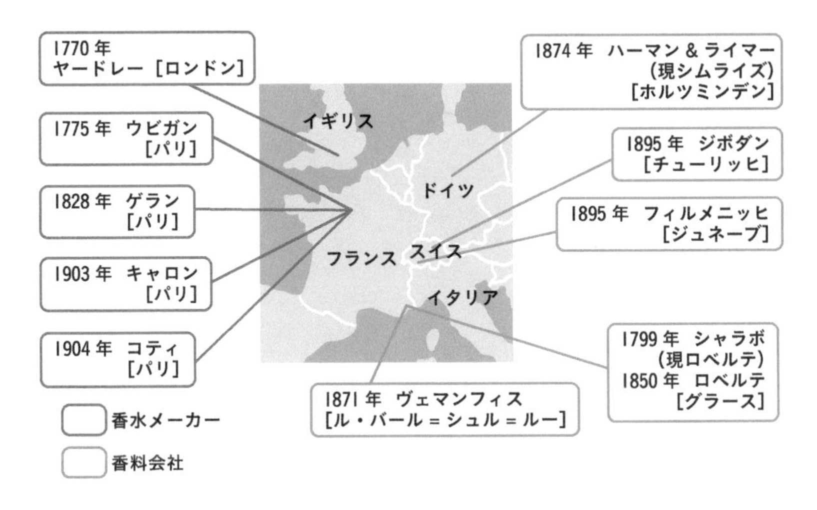

香水メーカーと香料会社の創業年

各香水メーカーは新しく開発された合成香料を使い，それまでにない個性的な香りを創り出しました。

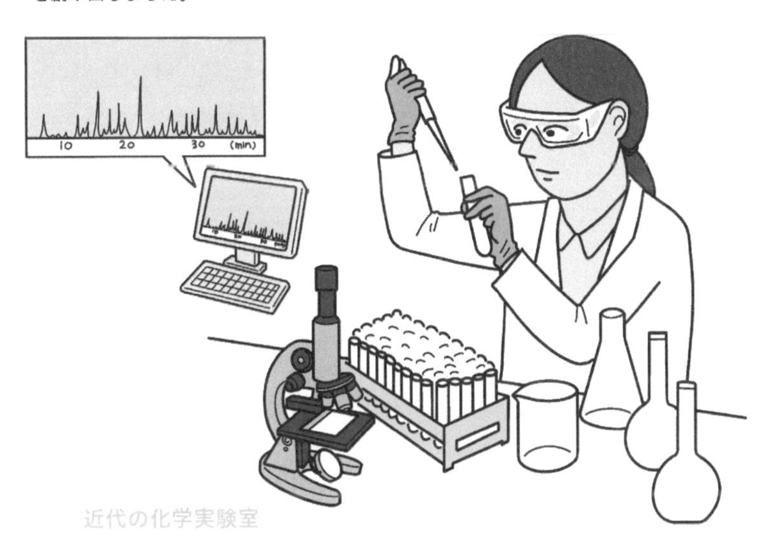

近代の化学実験室

SECTION 4.2

日本の香料の歴史

〜紀元前10世紀

縄文時代

日本各地に残る縄文遺跡から，山椒や紫蘇（しそ）の実が発掘されています。発掘調査からは，当時の人々もそれらを食事に利用していたことが推定されています。

6世紀

仏教伝来（538年）

中国から仏教とともに宗教儀礼として仏前に香を焚（た）いて供える供（く）香（こう）やそこはかとなく香りが漂うように香を焚く空薫（そらだき）が伝わりました。

『日本書紀』には推古天皇3年（595年）に淡路島（兵庫県）に沈香木が流れ着いたので朝廷に献上したという記述があります。

奈良時代を通して派遣された遣唐使は，唐の文化や制度だけではなくスパイス類も日本に持ち帰りました。東大寺にある正倉院にはコショウやクローブ，シナモンなども収められており，当時は薬としても使われていたことが記録に残っています。

8世紀

薫物が伝わる

753年に唐から日本にやってきた鑑真は，仏教の守らなくてはいけない「戒律」のほかに，沈香や白檀など数種類の素材を調合してつくる「薫物（たきもの）」も伝えました。

10世紀

宮廷文化と香り

平安時代の中頃になると，貴族たちの間では香を焚いて香りを鑑賞する「薫物合わせ」という遊びが流行しました。紫式部（生没年不明）が書いた『源氏物語』のなかには薫物合わせや，装束に香を焚く様子が描かれています。

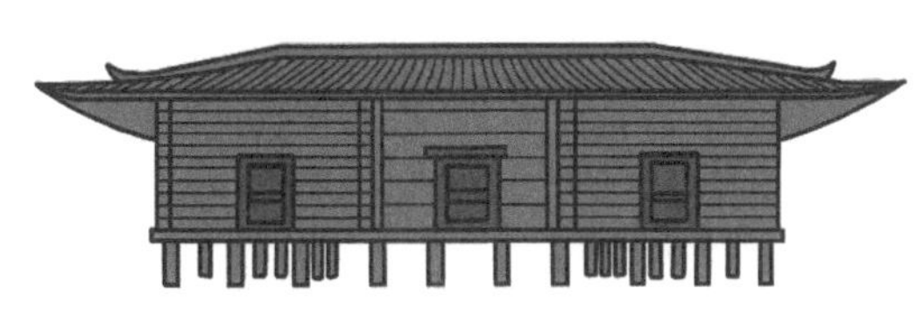

正倉院

奈良・平安時代の官寺には，重要物品を納める大規模な正倉（高床式倉庫）が設けられていました。現存するのは，東大寺正倉院内の一棟だけです。

香炉

香炉は内部に香料を入れて加熱することで香りを発生させる器です。仏教では香は身を清め，空間を荘厳にし，立ちのぼる煙は誓願を届けるものと考えられ，重要な仏具のひとつです。正倉院には中国でつくられて日本に伝わった香炉や香炉を置く台座なども収められています。

香を焚いて室内にくゆらせたり，衣に焚きしめたりしました。

12～13世紀

武家社会での香り

平安末期から鎌倉時代にかけて武士が台頭したことにより，香りの傾向も華美なものから清楚・優雅なものへ変わっていきました。

15世紀

香道の成立

室町時代に香道（御家(おいえ)流・志野流）が成立しました。8代将軍足利義政（1436～1490）は，志野宗信（志野流祖）や三条西実隆（御家流祖）らに177種の香木を産地と品質で分類することを命じました。この分類で最高品質の沈香を伽羅(きゃら)とよぶようになりました。

16世紀

南蛮貿易の開始

1543年，種子島にポルトガル人が漂着して鉄砲を伝えたことから南蛮貿易がはじまりました。日本にキリスト教やブドウ酒（ワイン），カステラ，パン，カボチャ，ジャガイモ，タバコ，地球儀などが伝来しました。

権力者と香り～桃山文化～

織田信長（1534～1582）や豊臣秀吉（1537～1598）によって天下統一が進められ，豪壮で華麗な桃山文化が花開きました。

信長は天下の名香と名高い東大寺の蘭奢待(らんじゃたい)を，勅許（天皇の勅命による許可）を得て切りとっています。伊達政宗（1567～1636）も香道を嗜み，購入した伽羅を「柴舟」と名付けて伊達家の家宝としました。江戸幕府を開いた徳川家康（1543～1616）も大変な香木好きで，安南（現在のベトナム）に良質の香木を何度も注文した記録が残っています。

木所	原産国・場所
伽羅（きゃら）	ベトナム・東南アジア
羅国（らこく）	タイ
真南蛮（まなばん）	マナバル（インド）
真那賀（まなか）	マラッカ
佐曽羅（さそら）	サッソール（インド）
寸門多羅（すまんとら）	スマトラ

香木の分類
最上級のものを伽羅とし，羅国（現在のタイ），真南蛮（インドのマナバル），真那賀（マラッカ），佐曽羅（インドのサッソール），寸門多羅（スマトラ）の6種類に分けました。

火縄銃

カステラ

ブドウ酒

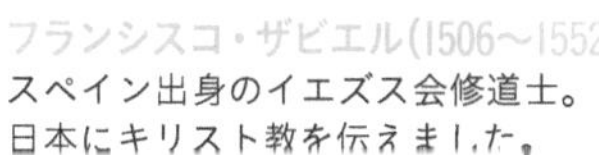

フランシスコ・ザビエル(1506〜1552)
スペイン出身のイエズス会修道士。
日本にキリスト教を伝えました。

蘭奢待
天下第一の名香といわれる香木で正倉院に収められています。「蘭奢待」の文字のなかには「東・大・寺」の名が隠されています。織田信長のほかに足利義満や足利義政，明治天皇らが切りとっています。

織田信長が切りとった部分

17～18世紀

徳川幕府による鎖国体制の確立

3代将軍 徳川家光（1604～1651）はキリスト教国との交易を禁止する鎖国体制を敷きました。しかし，出島（長崎），松前（北海道），対馬（長崎），薩摩（鹿児島）の4港は，引き続き朝鮮や中国，オランダなどとの貿易が許されました。

8代将軍 徳川吉宗（1684～1751）はオランダから献上された動物図鑑を見て，ゾウやダチョウ，クジャク，ジャコウネコを輸入しています。

庶民の生活と香り

江戸時代には道修町（どしょうまち）（大阪）や日本橋（東京）を中心に薬を扱う薬種問屋が開業しました。薬種問屋では薬の一種として香料をとり扱っていました。

元禄時代になると香料を使った化粧品や化粧水が誕生し，庶民の間でも使われるようになり，「伽羅の油」「花の露」とよばれる鬢付油（びんつけあぶら）も登場しました。平賀源内（1728～1780）は『物類品隲（ぶつるいひんしつ）』のなかで，蒸留器を使った薔薇露（そうびろ）（化粧水）の作り方を紹介しています。

19世紀

黒船来航～香水～

1853年，日本に開国を求めてアメリカからペリー提督が艦隊を率いてやってきました。ペリー一行は大統領の親書とともに幕府にさまざまな品物を贈りました。そのなかには香水もありました。

江戸時代末期にはヨーロッパの香水も紹介され，坂本龍馬（1836～1867）も香水を使用していたといわれています。

阿蘭陀万歳（おらんだまんさい）

鎖国政策により海外との交流が閉ざされた日本にとって，出島は貴重な西洋文化のとり入れ口でした。出島から日本国内に広まったものは衣服や食事，雑貨，化粧品，酒，文化芸能など多岐にわたります。現在の長崎の伝統行事の阿蘭陀万歳もそのひとつです。西洋の学問や技術（蘭学）も出島を通じて日本に伝わりました。

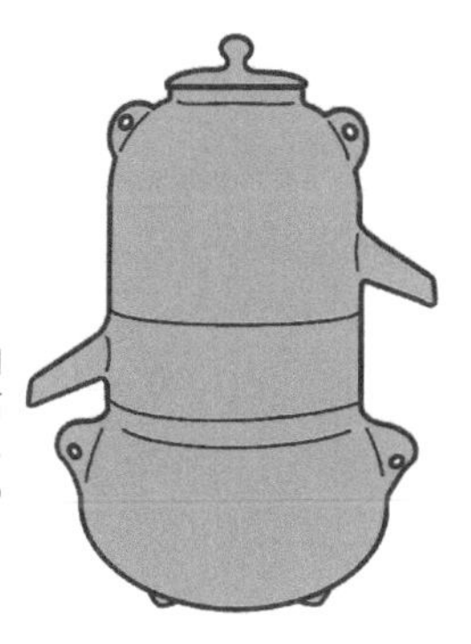

ランビキ（陶器製）

陶製蒸留器で薬油や酒類の蒸留に使用されました。この器具の原型となる西洋式蒸留装置は南蛮貿易で伝来しました。ランビキの名前はポルトガル語のalambique（アランビック）が変化したものともいわれています。

薬種問屋

19〜20世紀

開国と文明開化

明治政府は西洋列強に追いつくために，西洋文化を積極的にとり入れることを推奨しました。

外交政策のひとつとして建てられた鹿鳴館には洋装の高官や貴婦人が集まり，食事はフランス料理が供されました。

舶来品として香水や石鹸（せっけん）が輸入され，肉食や牛乳を飲む食文化も紹介されました。香水や石鹸は徐々に国産化が進みました。特に1877年（明治10年）にコレラが大流行すると，疫病対策として手洗い洗浄が推奨され，石鹸の需要が増えました。香水は“香水（においみず）”として「桜水」や「白薔薇」「オリヂナル香水」などが発売されました。

香料会社の創業

19世紀から20世紀にかけて，日本でも香料会社が相次いで創業しました。欧米の香料会社に追いつくべく，研究を重ね，技術を磨きました。

ロングセラー商品の発売

明治から大正にかけて，ミルクキャラメルや乳酸菌飲料，板チョコレート，ビスケット，チューインガム，ドロップなど加工食品の国内での製造がはじまりました。なかには発売から100年以上経った現在も販売されているロングセラー商品もあります。

日本人によるにおい成分の発見

緑茶のにおい成分（*Z*)-3-ヘキセノール，（*E*)-2-ヘキセナールの発見（武居三吉），マツタケのにおい成分1-オクテン-3-オールの単離（岩出亥之助・村橋俊介）など，日本の香料研究も進みました。

鹿鳴館に集まる洋装の婦人

明治時代の香水，石鹸，牛鍋

創業当時の社名 （現在の社名）	創業年
塩野屋吉兵衛商店 （塩野香料株式会社）	1808 年
芳香原料商小川商店 （小川香料株式会社）	1893 年
長谷川藤太郎商店 （長谷川香料株式会社）	1903 年
芳香原料商曽田政治商店 （曽田香料株式会社）	1915 年
高砂香料株式会社 （高砂香料工業株式会社）	1920 年

日本の主な香料会社

日本の香料会社は江戸時代の薬種問屋の流れをくんでいる会社もあります。そのため，現在でも道修町や日本橋に拠点を置く香料会社があります。

ロングセラー商品

20世紀

加工食品技術の発展

天然果汁にオレンジフレーバーを使った瓶入りジュースが発売され，戦後の日本に一大ブームを巻き起こしました。

スプレードライ（噴霧乾燥）法により優れた粉末香料が開発されると，水に溶かして飲む粉末ジュースが大ヒットしました。ここで培われた香料を粉末にする技術は，その後の加工食品開発に大きな影響をもたらすことになります。

インスタントラーメンやインスタントコーヒー，カレーなどのレトルト食品は私たちの食生活に劇的な変化をもたらし，ペットボトルの登場は飲料市場に新しい需要を生み出しました。

生活様式の向上

昭和30年代に電気洗濯機が一般の家庭にも普及するようになると衣料用の粉末合成洗剤が使われるようになりました。また，食器洗い用の洗剤や液体シャンプーの登場など，香料が使用される市場が急速に活性化していきました。

香りに対する関心も高まり，消臭剤や芳香剤は日常的に使われるようになっています。香りの嗜好も，近年では海外でヒットした香りの強い柔軟剤が日本でも流行するなど，変化しています。

20世紀に現れた生活にかかわる製品

さて，ここまでにおいと人類の歩みを駆け足でみてきました。近代以降，科学技術は日進月歩で進化を続け，産業や文化の発展に貢献してきました。香料化学分野も例外ではありません。香料のもととなる原料を，主に天然物から抽出することで得ていた時代から，合成という手法も活用する近現代になり，香料は安定的に，大量かつ必要なタイミングで製造することが可能となりました。今では，香りのバリエーションは無限大だともいわれています。

香料をとりまく市場も巨大化し，新しい日用品や加工食品が次々に生み出され，機能性や嗜好性など香りに求める要望も多様化しています。そのニーズにこたえるため，世界中の香料会社が，あらゆる角度から香りの可能性を追究しています。

次の章ではいろいろな製品に使われている香料とはどのようなものか，種類や作り方，そしてにおいを創る調香師について，詳しくみていきましょう。

An Illustrated Guide to the Mysteries of Fragrance and Flavor

においを工業製品としてつくる

毎日手にしているシャンプーや洗剤，飲料や菓子……

これらの多くに「香料」が使われています。香料は，主に香料会社が製造している工業製品です。香料を原料として加えることにより，シャンプーや洗剤などの日用品や飲料や菓子などの加工食品に「心地よいにおい」「おいしそうなにおい」が付与されるのです。もともと香料は，すべて天然原料からつくられていましたが，科学技術が発達した現代では，天然原料に加えて有機合成化学や酵素化学の手法を用いて合成されたにおい物質も活用しています。合成されたにおい物質を活用することで，手頃な価格でさまざまなにおいを楽しむことができるようになりました。

ここでは私たちの生活に欠かせない香料がどのようにつくられて，どのように使われているのかをみていきましょう。

SECTION 5.1
香料の役割 ―❶香粧品香料：フレグランス

近代以降の科学技術の発展により，香料原料を安定的に入手できるようになりました。そのおかげで，昔のように特権階級の人たちだけではなく私たちも香りを日常生活のなかにとり入れることができるようになったのです。化粧品，衣料用洗剤や柔軟剤，ボディソープ，シャンプー，石鹸（せっけん），制汗剤，浴室やトイレ用洗剤，カラーリング剤，殺虫剤など，身のまわりのさまざまな商品に使われるのが「香粧品香料（フレグランス）」とよばれる香料です。これらの商品は香りがついていなくてもその目的を果たすことはできます。では，なぜ香料が必要なのでしょうか。シャンプーを例にとってみていきましょう。

帰宅後の入浴で，泡立てたシャンプーの花のような香りに癒やされる方も多いのではないでしょうか。あるいはミントをイメージしたすっきりした香りで清潔感を感じたり，フルーツのような甘い香りで元気が出たり，香りが私たちの気分に与える影響は大きいといえます。また，香料のもうひとつの役割として，不快なにおいをやわらげるマスキングという機能もあります。きれいに洗った頭髪でも，次の日に汗をかくと，どうしても汗臭いにおいは発生してしまいます。そのときにシャンプーの残り香が気になるにおいをカバーしてくれるのです。シャンプーの原料として用いられている洗浄成分には少し脂（あぶら）っぽいにおいがするものもあります。そこでその脂っぽいにおいを感じにくくするためにも香料が必要なのです。シャンプーに香りがついていなかったら，汚れは落ちても爽快感や満足感を得ることはできないでしょう。同じように，シャンプーだけではなく，そのほかの商品にも香りがなかったら，たとえ清潔が保たれ，生活しやすい状況が整ったとしても，生活全般がとても味気ないものになってしまうと思いませんか。想像してみてください。もしハミガキ剤にスーッとするミントのにおいがついていなかったら，すっきりした気分は得られませんよね。私たちの生活を彩り豊かなものにするために，香料は欠かせないものといっても過言ではありません。

香水や芳香剤に限らず，シャンプーやコンディショナー，ボディソープ，衣

料用洗剤や柔軟剤などいろいろな香りの商品が店頭に並んでいます。みなさんも自分自身や身のまわりの環境を好きな香りや気に入った香りで満たしてみませんか。

②香りで演出

最近では積極的に香りを使って気分転換をしたり，空間を演出したりする人も増えています。それでは香りによってどのような演出ができるのかみていきましょう。

やすらぎの空間を演出する香り

学校や仕事にと一日中動き回った後，のんびり過ごす場所といえば，自宅の自分の部屋ではないでしょうか。その大切な空間のやすらぎをあなたはどのように演出しますか。

かの有名なクレオパトラは寝室にいつも大量のバラの花を敷き詰めていたといわれています。優雅なバラの香りで自分の空間を演出していたのでしょう。今ではバラの香りの芳香剤やルームスプレーを使うことで手軽にクレオパトラの気分に浸ることができます。気分を落ち着かせるためにラベンダーのにおいを使ったり，気分をすっきりさせるために柑橘（かんきつ）系のにおいを使ったり，香りで気分転換することも，部屋でやすらぎの空間を演出してくれるでしょう。また，浴室もやすらぐ場所です。浴室は比較的狭いスペースで暖かく，蒸気で満たされるので，香りを楽しむには絶好の場所です。最近ではフルーツや森林のような自然を感じさせる香りから香水のような高級感のある香りまで，さまざまな入浴剤が上梓されています。お気に入りの香りを探す過程もぜひ楽しんでください。

心地よい空間を演出する香り

合宿や長期の旅行から帰ってきたとき，家のにおいを嗅いでホッとした経験はありませんか。私たちは嗅ぎなれたにおいを嗅ぐと安心して居心地のよさを感じます。こうした心地よい環境をつくることは，日々の生活を快適に過ごすためにとても重要なことです。

家のなかは生活をしていくうちにその家特有のにおいが染みついていきます。玄関やリビング・ダイニングは家族が快適に過ごすために，また，来訪者を迎え入れる場としても，気になるにおいを抑えることが大切です。においが気になる場合は，室内用の消臭スプレーや消臭剤が効果的です。さらに季節の花を飾るように，家族みんながくつろぐことができる香りの芳香剤をさりげな

お気に入りのディフューザーでリラックス

入浴はフルーツの香りで

一日着た衣類も清潔な香りに……

く使うのもいいでしょう。近年は，学校や会社などの公共の場所でも香りに対する関心が高まっています。ディフューザーを使って香りを漂わせ，心地よい環境をつくっている光景が多く見受けられるようになってきました。

清潔感のある香り

洗濯や入浴をするとき，日本では清潔さをイメージする香りが好まれます。日本人は香りで自分を主張するのではなく，においでまわりを嫌な気持ちにしたくない，という思いが強いからだといわれています。そのため日本の香り市場には石鹸(せっけん)やシャンプーを思い起こさせる香りのついた商品が多く販売されています。石鹸を思い起こさせる香りの石鹸？と思うかもしれません。でも，私たち日本人は，幼い頃の経験から「洗う」という行為に使用してきた商品のにおいを清潔感のあるにおいと認識しているのです。そのため，昔から使われてきた石鹸やシャンプーを思い起こさせるにおいは今もなお好まれ続けているのです。

においで世界を旅しよう！

香りのイメージは人それぞれなので，一概に言葉にすることは難しく，また，生まれ育った環境や習慣によっても好みに違いが出るともいわれています。

世界には食べるものや生活習慣の違うたくさんの国があります。その国に降り立ったときに，どのようなにおいがするか想像してみるのも楽しそうですね。たとえば，日本を訪れた外国人には「日本は醤油のにおいがする」という人が多いそうです。その国を代表する食べ物を連想することが多いのは，空港にあるレストランから漂ってくるにおいの影響も大きいのかもしれません。

旅行で訪れたその土地の印象を，においとともに記憶することもおもしろそうです。読者のみなさんが思い浮かべたその国のにおいは何でしょうか？

ピザ
チーズ・香水
ファストフード
漢方薬・墨汁
ウォッカ
김치
キムチ
フランス
ロシア
イタリア
日本
韓国
中国
インド
ハワイ
マダガスカル
スパイス
醤油
プルメリアの花
バニラ

❸ 食品香料：フレーバー

高級レストランの料理，行列ができるお店のラーメン，一流パティシエがつくるバニラアイスクリームなど，高級な食材を使い，手間ひまをかけてつくられたものはとてもおいしいですね。たまにはそのような贅沢（ぜいたく）をするのもいいですが，日常生活ではスーパーやコンビニエンスストアでインスタントのカレーやカップ麺，ペットボトルの飲料，ラクトアイスなどを選ぶことも多いのではないでしょうか。これらの食品は価格も手頃で保存性もあり，手軽に飲食できる便利なものです。昨今ではとてもおいしいものが多くなりました。

これらの食品の多くは工場でつくられる加工食品です。食品メーカーは，私たちが手軽に飲食できる商品をつくるために，保存性を高める方法や，お湯をかけたり温めたりして簡単に飲食できるように加工したり，高級食材ではなく一般的な食材を使った商品開発などを進めています。しかし，加工食品は製造工程上でおいしい風味が失われることもあります。そこで失われた風味を補うために「におい」を加えます。においを加えると風味全体を向上させることができます。そのにおいをかたちにしたものが「食品香料（フレーバー）」です。

果汁の入っていない飲料は，砂糖などの甘味料や酸っぱさをつける酸味料などが主な原料です。そこにリンゴのにおいがする香料を加えると，甘酸っぱい水がリンゴのような風味の飲み物になるのです。

実は，果汁100%と表示されている果実ジュースにも香料が使われることがあります。オレンジ果汁100%と表示された果実ジュースを例にとってみましょう。原料にはオレンジを搾って得られた果汁を使っていますが，搾ったままの状態で遠くまで輸送したり長期間保存するには高いコストがかかり，劣化して風味も変わってしまいます。そのため，多くの場合，搾った果汁から水分を蒸発させて濃縮し，容器に詰めるときに水を加えてもとの濃度に戻す濃縮還元という製法をとります。商品を製造するうえで非常に有利な方法ですが，濃縮する際に新鮮でおいしそうなオレンジのにおいは失われてしまいます。そのため，もとの濃度に戻す際にもともとのオレンジから得た香料を加えて，失われたにおいを補うことで，みなさんが飲むおいしくてフレッシュな風味のオレンジジュースができるのです。

行列のできる人気店の味が
カップ麺など手頃な価格で
楽しめるように……

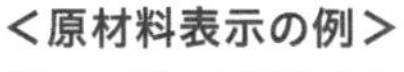

<原材料表示の例>
名　　称：100%オレンジジュース（濃縮還元）
原材料名：オレンジ / ビタミンC, 香料
内 容 量：500ml
賞味期限：下部に表記
保存方法：要冷蔵 10℃以下
製 造 者：株式会社○○飲料
東京都△△区□□町

プロテイン飲料は，筋力を増強するだけではなく，美容やダイエットにも効果があると人気です。原料は牛乳や大豆などいろいろあり，最近は特に牛乳中に含まれるホエイプロテインがよく用いられます。ホエイプロテインは牛乳を加工してタンパク質を濃縮したものです。しかし，その工程で過度の熱がかかり，牛乳から加熱臭が発生して，できあがったホエイプロテインにもその独特なにおいが残ってしまいます。そのにおいを抑え（マスキング）ておいしく飲めるようにするため，メーカー各社は牛乳と相性のよいチョコレートやフルーツのにおいの香料を加えるなどの工夫をしています。

これらをまとめると，食品香料は，もともと香りが微量にしか含まれないものににおいをつけたり，加工食品の製造工程で失われてしまうにおいを補ったり，嫌なにおいをマスキングするという役割を担っていることがわかります。

香料には主に４つの形態──①水溶性香料，②油溶性香料，③乳化香料，④粉末香料があり，それぞれ食品や加工方法に適したかたちで使用されています。たとえば，清涼飲料水には主に水溶性香料が使われます。また，スポーツドリンクなど少し濁りのある飲料には乳化香料が使われます。乳化という技術により水に溶けにくい香料を水中に均等に分散させることができるのです。

チョコレートやクッキーなど油分を多く含む食品には油に溶ける油溶性香料が使われます。油溶性香料は水溶性香料に比べて熱に強く，加工中ににおいが失われることが少ないという特徴があるため，焼菓子や冷凍食品など加工工程や調理の際に熱がかかる食品に多く使われています。

インスタント麺やカップスープには液体や粉末のスープが入っています。液体スープには油溶性香料が，粉末スープには粉状の調味料とともに粉末香料が使われています。このように，食品香料は香りの種類だけではなく，そのかたちも，使われる加工食品に適したさまざまな形態があるのです。

店頭に並んでいるコーヒーや紅茶などの飲料や冷菓，スナック菓子，ビスケット，チョコレート，グミ，キャンディ，冷凍食品，インスタント食品など，香料はさまざまな加工食品に使われています。これらの加工食品には，パッケージのどこかに，必ず名称や原材料名，賞味期限，製造者が記載されていて，原材料名の欄に「香料」と記載されています。香料はこれら加工食品のおいしさを支える縁の下の力持ちなのです。

TOMATO
茶
TAN SAN
margarine
ラーメン
ラーメン
うどん
ドレッシング
coffee
coffee
GUM
GUM
Chocolate
食品のおいしさ
香料
水溶性香料
油溶性香料
乳化香料
粉末香料

SECTION 5.2

香料はどうやってつくるの？ ─❶原料

これまで香料の役割についてみてきました。ここからは香料がどのようにつくられるのかをみていきましょう。

私たちが普段感じているにおいは数多くのにおい物質の組み合わせとバランスで構成されている，ということはくり返し述べてきました。香料は通常，多数のにおい物質を組み合わせてつくるため，必然的に多くの種類の原料が必要になります。香料の原料となるものは，大きく分けて天然の動植物から採取する天然香料と，化学的につくり出す合成香料の２種類です。

天然香料は，動物由来香料と植物由来香料に分類されます。歴史的に香粧品用の香料の原料として使われてきた動物由来香料はムスク，シベット，アンバーグリス，カストリウムで，近年では動物保護の観点や，取引を規制するワシントン条約（絶滅のおそれのある野生動植物の種の国際取引に関する条約）などによってほとんど使われていません。植物由来香料は，植物の花や葉，樹皮，果実などさまざまな部位から得ることができます。代表的な植物として，バラ，ジャスミン，クローブ，シナモン，バニラ，ミント，オレンジなどがあります。これらの香料は多くの種類のにおい物質を含んでおり，香料を調香する際（164ページ参照）に少量加えるだけで複雑さや深みを与えます。ただし，天然香料は，気候の変動や天災の影響などで収穫量や品質が変動するため，価格も不安定になりがちです。

合成香料とは有機合成化学の手法や酵素化学の手法を用いてつくられたにおい物質のことです。合成と聞くと石油原料だけを使っていると思うかもしれませんが，実際は天然の原料も多く使っています。たとえば製紙工場で紙パルプを製造するときに副産物としてできるテレビン油というオイルは，製紙業界では廃棄物となりますが，香料業界ではハッカのにおいのするメントールを合成するための原料です。合成香料としてつくられる化合物の多くは，天然の動植物のにおいのなかに含まれるにおい物質と同じ構造のものですが，なかには天然にはない特徴的なにおいをもった化合物も開発されています。これらの合成

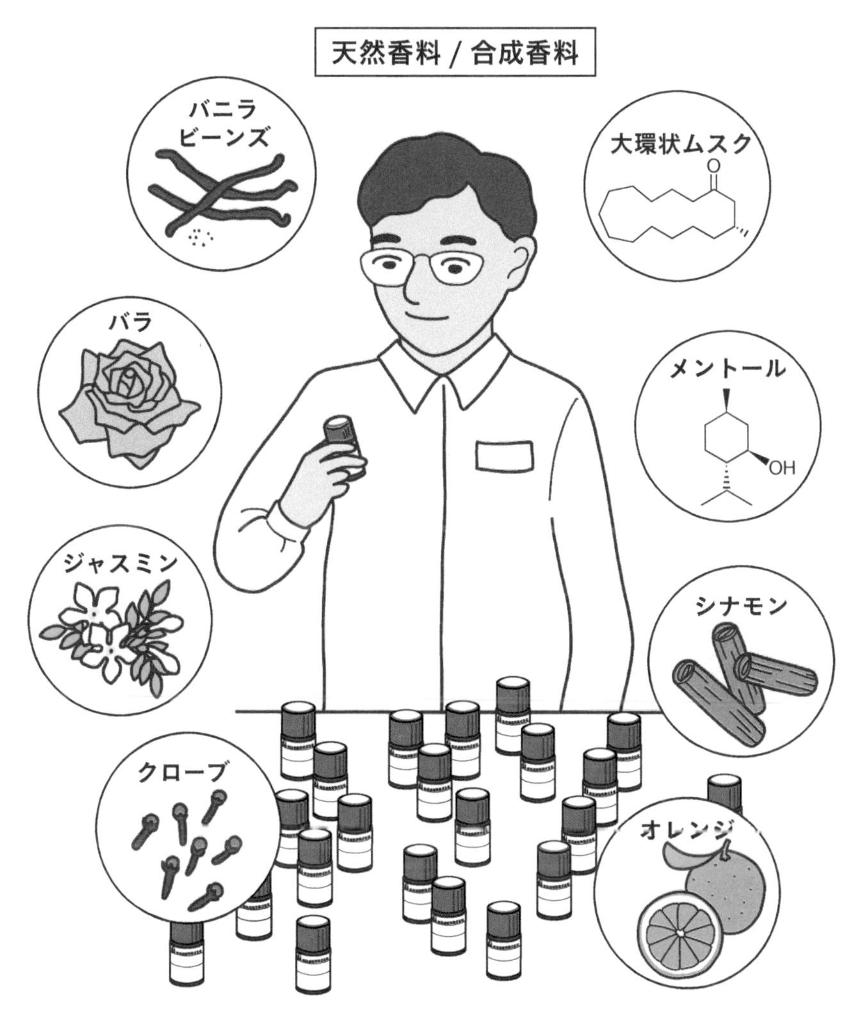

香料を用いることで，天然香料だけではつくることができない創造性豊かな香りが生み出されるのです。合成香料は，調香師が理想とする香りをつくるためには欠かすことができない原料です。工業的に生産することができるので，供給量や品質，価格を安定させることができます。合成香料に限らず香料原料の安全性は厳密に管理されていて，使用できるのは法的に定められた規格を満たし，安全性が確かめられたものだけです。

② 動物由来香料

前のページでみたように，動物保護や希少性などの観点から，今では動物由来香料を使うことはほとんどなく，それらのにおいは化学合成することで得られた合成香料を組み合わせてつくります。動物のにおいを香料として使うというのは想像しにくいかもしれませんが，実は香水やシャンプー，柔軟剤など身のまわりの商品にたくさん使用されています。では，4 種類の動物由来香料をみていきましょう。

ムスク（麝香）

オスのジャコウジカ（麝香鹿）は繁殖期になると麝香腺から分泌液を出してメスをおびき寄せるといわれています。この分泌液を採取して乾燥させたものが天然香料のムスクです。ムスクのにおいは思わず顔を歪めるほど強烈なものです。ところが，これを何千，何万倍と薄めると不思議なことに不快なにおいではなくなり，石鹸のような清潔感と，そしてどこか官能的な雰囲気をもったすばらしい芳香に様変わりします。このムスクのにおいの主要成分はムスコンという化合物ですが，今は合成ムスクとしてさまざまな構造の化合物が開発されています。

シベット（霊猫香）

シベットはジャコウネコの生殖器付近の分泌腺から採ることができます。シベットが採取されるのは主にエチオピアで，ここでは最高品質のものが採れるとされています。はじめは獣のようなにおいを放ち，非常に強烈ですが，薄めると，これもまたよい芳香に変わります。世界一高いコーヒーともいわれる「コピ・ルアク」はジャコウネコの体内で発酵させた豆を使用しています。価格はなんと 1 杯あたり数千円もするそうです。シベットのにおいはシベトン，インドール，スカトール，*p*-クレゾールなどを組み合わせてつくります。

アンバーグリス（龍涎香）

アンバーグリスはマッコウクジラの体内でつくられた結石です。見ためは灰白色や黄色で，大きさは 20 cm にも及びます。マッコウクジラの体外に排出された結石は，長時間海に浮遊する間に日光や海水の作用で異臭が除かれてとてもよい芳香に変わります。現在は，アンバーグリスの代わりに，アンブロキ

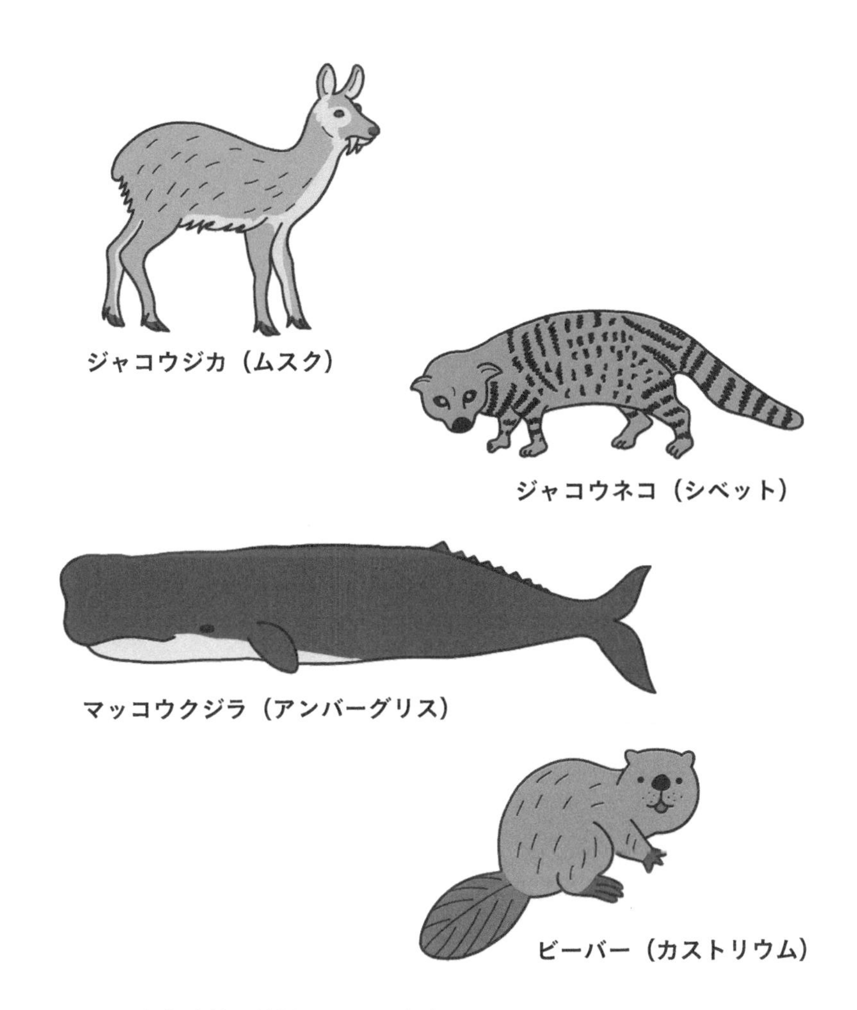

シドなどの合成香料が使用されています。

カストリウム（海狸香(かいりこう)）

ビーバーの生殖器近くの腺嚢(せんのう)から採ることができます。カストリウムのにおいはビーバーが食べるものによって変わります。シベリアに生息するビーバーから採れるものは消毒薬や動物っぽいにおいがするのに対し，カナダでは松(マツ)の樹脂のようなにおいがします。カストリウムのにおいはクレゾールなどのフェノール類，脂肪酸類などを組み合わせてつくります。

③植物由来香料

天然香料として用いられる植物由来の香料は，さまざまな植物から採取されます。バラの香りと聞いてどのような香りか思い浮かぶ人も多いでしょう。バラの花から採取される香料には，その手法によってさまざまなものがあります。ここではバラからとれる代表的な香料，エッセンシャルオイルとアブソリュートについてみていきましょう（エッセンシャルオイルとアブソリュートの採取方法については160ページのコラム参照）。

バラには多くの品種がありますが，香水や化粧品類に使用する香料を採取するのに適しているのはダマセナ種とセンティフォリア種の2種類です。ダマセナ種は香りが強く，古くから香料として利用されています。原産地はシリアで，主な栽培地域はブルガリアやトルコです。ダマセナ種から香料を採る際は主に水蒸気蒸留法で採油し，エッセンシャルオイルを得ます。センティフォリア種はその花弁の多い見ためがキャベツに似ていることからキャベッジローズとよばれ，南フランスではその開花時期からローズ・ド・メ（rose de mai，5月のバラ）ともよばれています。原産地はコーカサス地方で，主な栽培地域は南フランスやモロッコです。センティフォリア種から香料を採る際は主に溶剤抽出法で採油し，アブソリュートを得ます。エッセンシャルオイルやアブソリュートを1 kgつくるには数千kgもの花が必要となるため，非常に高価です。

採油方法によって抽出される成分のバランスが異なるため，必然的にその香りも異なります。溶剤抽出法で採取されるアブソリュートの主なにおい成分は2-フェニルエチルアルコールですが，水蒸気蒸留法で採取されるエッセンシャルオイルにはゲラニオールやシトロネロールが多く含まれます。水蒸気蒸留法は，留出物が水層と油層に分かれるため，水に溶けやすい性質の2-フェニルエチルアルコールが水層に移動し，油層部分であるエッセンシャルオイルには2-フェニルエチルアルコールはほとんど含まれないのです。

2-フェニルエチルアルコールはそれだけで濃厚なバラのいい香りを思い起こさせる，ハチミツのような甘さも感じるにおいです。ゲラニオールやシトロネロールはフレッシュなバラの香りを思わせる柑橘（かんきつ）類のようなさわやかなにおいがします。そのため，アブソリュートは甘く濃厚な香り，エッセンシャルオイ

ダマセナ種

■シリア原産
■ブルガリアやトルコで栽培
■やわらかでフレッシュなさわやかさとクリーミーな甘さが特徴

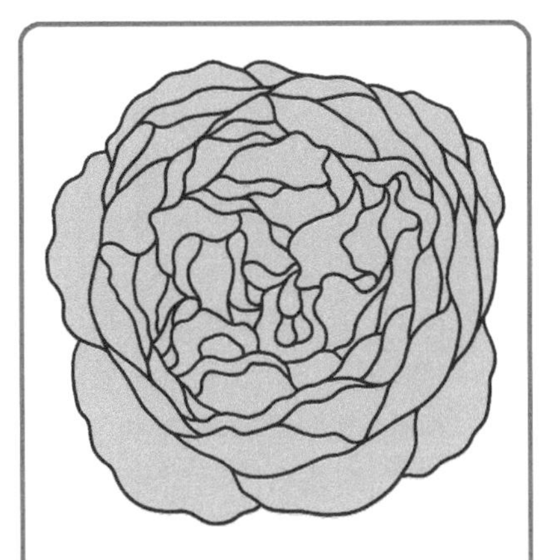

センティフォリア種

■コーカサス地方原産
■南フランスやモロッコで栽培
■ナチュラルでさわやかな香りのなかに濃厚な甘味を感じる。ややしっとりとした印象が特徴

ルは明るい印象の香りに感じます。また，アブソリュートやエッセンシャルオイルのにおいと咲いているバラの花を嗅ぎ比べると，それぞれ違うにおいがします。

料理の香りづけに使うバニラエッセンスやレモンやオレンジの精油，アロマショップで売っているアロマオイルなど，植物から採取された香料は身近にもあるので，いろいろな香りを嗅いでみてください。

香料の採取

ここでは，エッセンシャルオイル（精油）とアブソリュートの香料採取方法を詳しくみていきましょう。

エッセンシャルオイルをつくる方法のひとつに水蒸気蒸留法があります。花や果物を専用の容器に入れて下から水蒸気を吹き込み，水蒸気とともに気体となったにおい物質を冷やすことで，再び液体としてとり出します。におい物質の多くは水に溶けにくい性質をもち，いっしょに出てきた水と分離して精油になります。バラの場合，分けられた水の部分はローズウォーターとして食用や化粧水などに利用されます。

アブソリュートをつくる溶剤抽出法では，植物にヘキサンなどの有機溶剤を加え，溶け出したものから有機溶剤を除くとコンクリートというろう状の塊（かたまり）が採れます。そのコンクリートにエチルアルコールを加えて，溶け出したものからエチルアルコールを除くことでアブソリュートができあがります。

エチルアルコールなどの溶剤に溶かして成分をとり出すことを抽出ともいいますが，蒸留や抽出にもさまざまな方法があり，それぞれの特性を活かしてさまざまな香料がつくられているのです。

エッセンシャルオイル（精油）とアブソリュートについて

一般的にエッセンシャルオイル（精油）とは，植物から得られる揮発性の油溶性物質をさす言葉として使われます。広い意味ではアブソリュートもエッセンシャルオイルの一種といえます。香料業界ではさまざまなタイプの植物由来原料を扱うことから，特に水蒸気蒸留などの蒸留法で採取したものを狭い意味でのエッセンシャルオイル（精油）とよび，溶剤抽出法で得られるアブソリュートとは区別しています。

水蒸気蒸留法

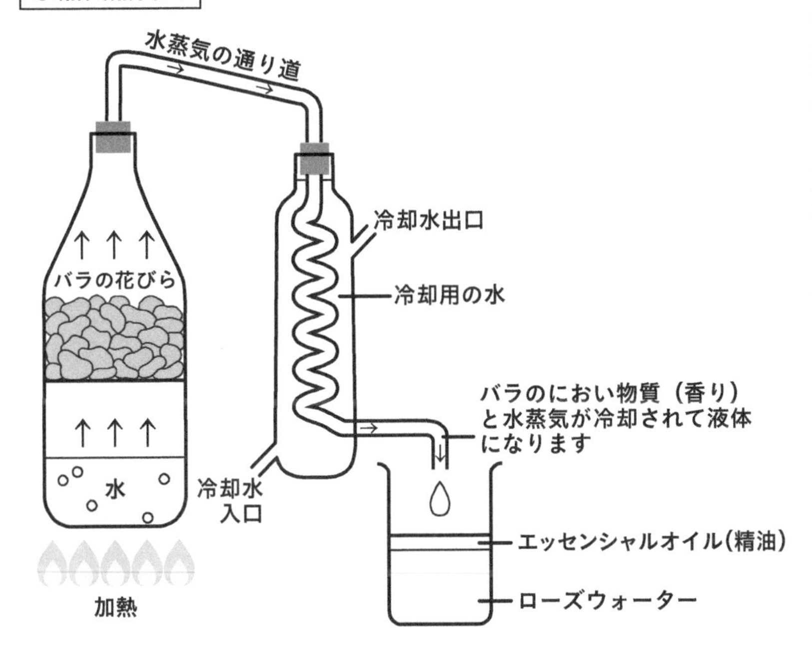

溶剤抽出法

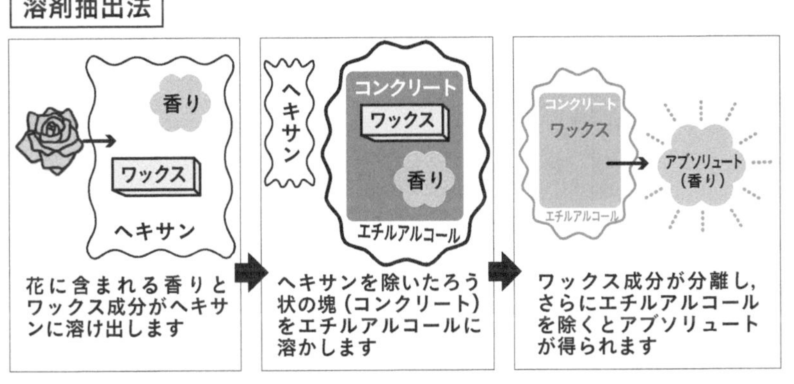

④ 合成香料

次に合成香料についてみていきましょう。合成香料は，石油や植物・動物由来の原料から有機合成化学の手法や酵素化学の手法によって化学変換させてつくられるものが大半です。そのほかに，天然香料からある単独のにおい物質のみをとり出した「単離香料」や，その単離香料を出発原料として化学変換させることで得られる「半合成香料」も合成香料に含まれます。合成香料のほとんどは，天然に存在するにおい物質と同じ，またはよく似た構造をもつ化学物質です。また，安定して大量に得られる天然原料や石油製品を原料としてつくり出されるので，供給量や品質，価格を安定させることが可能です。そのため，高価格かつ，一部入手が難しい植物・動物由来香料の代わりに合成香料を用いることで，香料を安価で安定的に供給することができるのです。

合成香料のなかには，すでに動物や植物から見つかっているにおい物質と，まだ見つかっていないにおい物質があります。たとえば，バニリンという化合物はバニラビーンズのにおいの主な成分であり，バニラそのものを想起させる甘い香りをもつにおい物質です。バニラの生育は天候による影響を受けやすく，生産量や価格が不安定になりがちです。それに伴い，バニラビーンズから単離される天然のバニリンも価格が大きく変動します。また，バニリンと構造が似たエチルバニリンは，バニリンとほぼ同質のにおいで，においは約 2.5 倍強い化合物ですが，これは天然の動植物中からは見つかっていない化学的につくり出した合成香料です。このように，わずかな構造の違いで香気の強度や質が大きく変化するものが多数存在し，これまでに多くの合成香料が開発されてきました。これら新しく開発された合成香料も，安全性を確かめたものが使用されています。

■天然物から，ひとつのにおい物質のみがとり出されます

■単離香料を化学変換させることで得られます

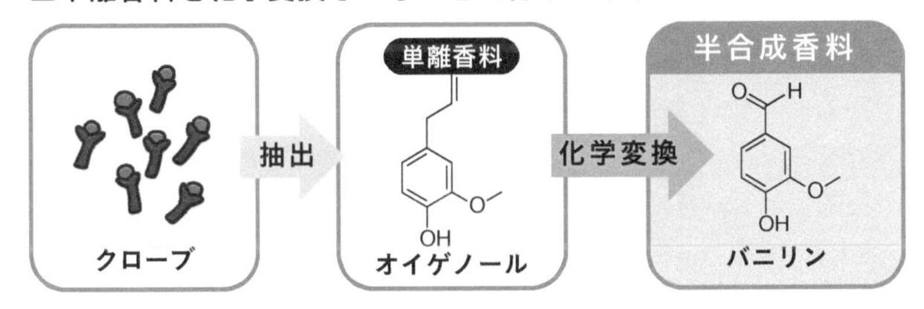

■有機合成化学や酵素化学の手法を使い化学変換させてつくられます

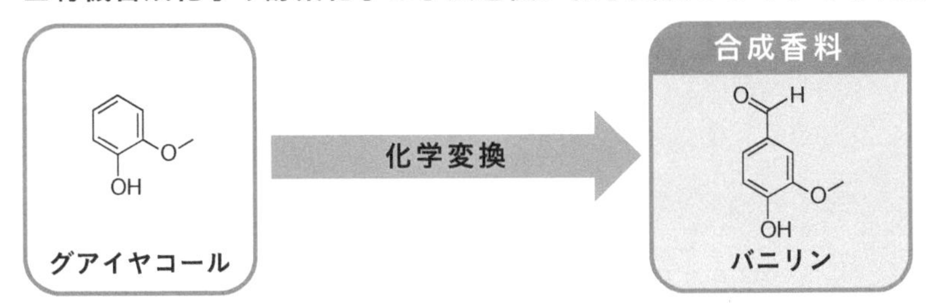

SECTION

5.3 香料を組み合わせる ―❶調香

原料がそろったら，次はそれらを組み合わせて香料をつくります。原料を組み合わせて目的とする香りをつくることを調香，それを行う人を調香師とよびます。調香師は小さな秤(はかり)を置いた作業台のまわりに原料の小瓶(こびん)をいくつも並べ，調香していきます。たくさんの小瓶が並ぶ様子がパイプオルガンのようにみえることから，調香台はオルガン台ともよばれています。

調香師は自分がつくろうとしている香りを頭のなかにイメージし，どの原料をどのくらいの割合で組み合わせるかを考えながら，数々の原料のなかから必要と思う原料を選び出し，秤に置いた容器のなかで混ぜ合わせていきます。一滴一滴垂らした重さをひとつひとつ書きとめて，においを確認しながら徐々に香りを組み立てていきます。もちろん1回で満足のいく香りがつくれるわけではありません。違う原料を少しずつ試し，少しずつ割合を変え，何度も試行錯誤をくり返してやっとイメージした香りの配合を決定することができるのです。この配合を記した表を処方箋（レシピ）とよび，これは調香師の作品ともいえます。

調香師のなかでも，シャンプーや石鹸(せっけん)など日用品に使われる香粧品香料をつくる人をパフューマー，食品香料をつくる人をフレーバリストとよんでいます。調香師は2,000種類を超えるにおいを記憶し，それらの組み合わせとどのようなにおいになるか記憶し，バランスによる違いを嗅ぎわけることができます。一人前になるためには5～10年の訓練が必要といわれています。

調香の世界は，たとえるなら音楽をつくるようなものです。作曲家が五線譜の上にさまざまな音符をちりばめて楽曲をつくるように，調香師はさまざまなノート（香調）を組み合わせて香りをつくっていきます。心地よいハーモニーを奏でさせたり，アッと驚くような音を出したり，陽気なテンポを奏でたり，ときには悲しみや怒りの気持ちを表現したりと，これらは香りの世界にも共通します。同じ「ド」の音でもそれを演奏する楽器がピアノなのかヴァイオリンなのかトランペットなのかで印象が変わるように，同じ香調に分類される原料

フレグランス

おひさまの香り？

南国の香り？

海辺の香り？

感性に訴える抽象的なイメージを香りで表現することが求められます

フレーバー（イチゴ）

ジャムタイプ？

シロップタイプ？

完熟？　フレッシュ？

実際に存在する果実や料理などのにおいを忠実に再現することが求められます

調香師は多くのにおいを記憶し，においを再現する能力や想像力，忍耐力，感性に基づいた調香技術を駆使して世界で唯一の香りを創りあげていきます

でも官能基がアルデヒド基かヒドロキシ基かエステル基かで印象が変わります。香料は「調香師のよい香りを創りたいという情熱と，芸術的な感性と科学の知識」が融合してつくりあげられたものなのです。

それではパフューマー，フレーバリストがどのようににおいを組み立てていくのかをみていきましょう。

パフューマー

パフューマーは,「おひさまの香り」「海辺の香り」「南国の香り」「ロマンティックな香り」など抽象的なイメージを追求して調香します。

香料を組み立てる際は，香りのピラミッド（167ページ）を基本の設計図として使います。香料は時間の経過とともに感じる香りが，トップノートからミドルノート，ベースノートへと変化していきます。トップノートは最初にふわっと感じる香りです。軽やかでさわやかな柑橘類やリンゴなどのフルーツ類，緑の葉っぱやミントなどの香りが使われます。ミドルノートは，トップノートの次に感じる香りの中心となる部分で，バラやジャスミンなどの花の香りが多く使われます。ベースノートは，トップノートとミドルノートの香りを下支えする香りです。時間がたっても香りが残るような，木や動物由来の香り，または甘い香りの原料を使います。この設計図にどの原料をどのくらいの量で当てはめると自分のイメージする香りになるのか，何度も試しながら香りをつくっていきます。

フレーバリスト

フレーバリストは，天然にある食品のにおいを手本として調香します。フレグランスと違い，人は食べ慣れた食品のにおいを嗅ぐとおいしいと思うことが多いため，フレーバリストは本物の食品のにおいを手本として調香します。それでもフレーバリストのめざすにおいも単純ではありません。たとえば「イチゴの香り」といっても，「フレッシュなもぎたてイチゴの香り」「熟したイチゴの甘いとろりとした香り」「甘く煮詰めたジャムのような香り」「お祭りで食べたイチゴ味のかき氷」など，形態や品種によってもにおいは異なるので，フレーバリストも試行錯誤をくり返しながらめざした香りをつくっていきます。

フレーバリストもパフューマーと同様に香りのピラミッドを基本として，調

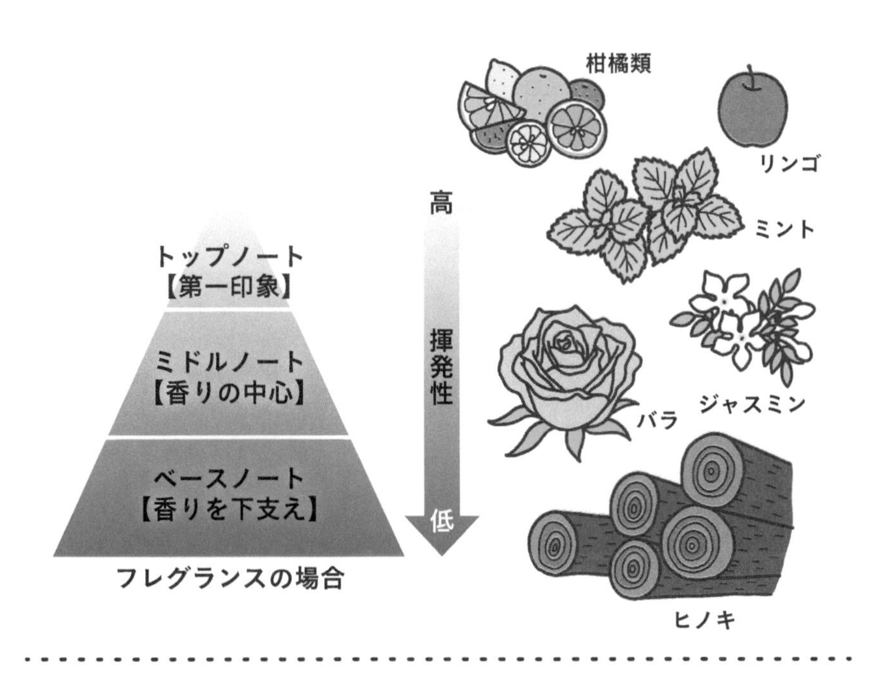

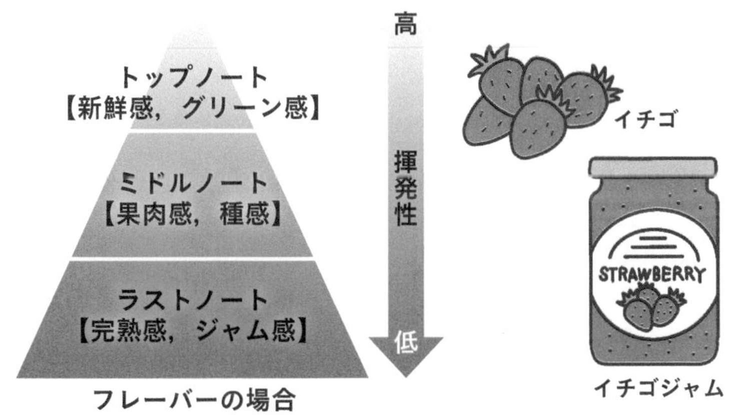

香します。においを初めに印象づけるトップノート，中盤に感じる核となるミドルノート，最後まで残る重厚感のあるラストノートを考えて，原料の組み合わせとバランスを決めていきます。

調香師のイマジネーションで創るにおい ～フレグランス～

「おひさまの香り」と聞いて，どのような香りをイメージしますか？日なたで干した布団のにおい，夏のビーチに漂うココナッツのようなにおいなどでしょうか。それらのにおいは，化学的に分析をして調合することで再現することは可能です。しかし，それだけでは香料にはなりません。そこに調香師が思い浮かべた，たとえば「子どもの頃に嗅いだお母さんのいいにおい」「暖かい日差しのなかで漂ってくる春の花のにおい」「干し草のにおい」「南国のフルーツの甘いにおい」などのイメージを膨らませ，その香りをめざして調香していきます。そして「何となく懐かしく，温かく，心安らぐ，陽だまりのなかのにおい」や「夏の太陽がさんさんと照りつけるビーチのにおい」ができあがるのです。

調香師のイマジネーションで創るにおい〜フレーバー〜

みなさんも食べたことがあるパイナップルキャンディのにおいは，パイナップルをイメージさせるにおいです。実際の果物のにおいとは違うけれど，本物のにおいをイメージして調香した香りをイメージフレーバーといいます。ブルーベリーガムやアセロラジュースの香りもイメージフレーバーといわれています。実際に，本物の果物と商品のにおいを比べてみると違いがわかるのではないでしょうか。

もうひとつ，お祭りや屋台の縁日で売られている昔ながらのイチゴのかき氷は，本物のイチゴの香りとはかなり違いがあります。このイチゴシロップは大正時代からあるといわれていますが，当時は本物の果物の香りを再現する技術はありませんでした。でも，その香りに幼い頃からイチゴ風味として慣れ親しんでいるので，シロップの赤い色と相まって，イチゴの味に感じてしまうのです。

② 処方の完成！

実際の香料の開発は調香で終わりではありません。香料は，工業的につくられる日用品や加工食品ににおいをつけることが目的ですから，店頭に並んだそれらの商品をみなさんが購入し，さぁ使おう，さぁ食べようとしたときにいちばんいいにおいになるように，さらに調整することが必要です。そこで調香の次のステップは，調香した香料を使い店頭に並ぶ商品に近い形態のものを試作して，できあがったもののにおいが最初にイメージしたものになるよう調整することになります。同じ香料でも，使われる商品によって，どのような原料と混ぜ合わせ，どのように加工されるかによってにおいが変わるため，調整は必要な工程です。

ここでは開発した新しい香料を，飲料に使う場合とキャンディ類に使う場合でそれぞれにどのような調整が必要なのかみていきましょう。

見ためはまるで水なのに，フルーツやお茶の風味のペットボトルの飲み物があります。このような飲料は，水と砂糖などの甘味料，クエン酸などの酸味料が主な原料で，香料の果たす役割がとても大きくなります。

市販されている飲料は十分に殺菌されているので長期間保存しても腐敗することはありません。しかし，殺菌工程でかかる熱によって香料の香りが変化してしまいます。そこで，製品に近いかたちの飲料を試作し，殺菌前後でどのように風味が変化するかを確認し，殺菌した後にイメージする香りになるように配合を調整します。この工程をくり返し，加熱殺菌をした後に最もいい香りが出るように処方をつくりあげていくのです。殺菌することで弱くなってしまうにおいの成分を多めに配合しておくことはもちろん，過剰に入れて嫌な風味にならないようにちょうどよいバランスで配合することが重要です。

菓子業界で，キャンディ類はハードキャンディ，ソフトキャンディ，グミキャンディ，タブレットなどに分類されます。ここではハードキャンディの場合について考えてみましょう。

ハードキャンディは，砂糖と水飴などを水分が3％以下になるまで煮詰めた生地に香料や酸味料，着色料などを加えてつくられます。水分が少ないので香り立ちが悪くなりやすく，生地自体の甘味や酸味も強いため，飲料用の香料よ

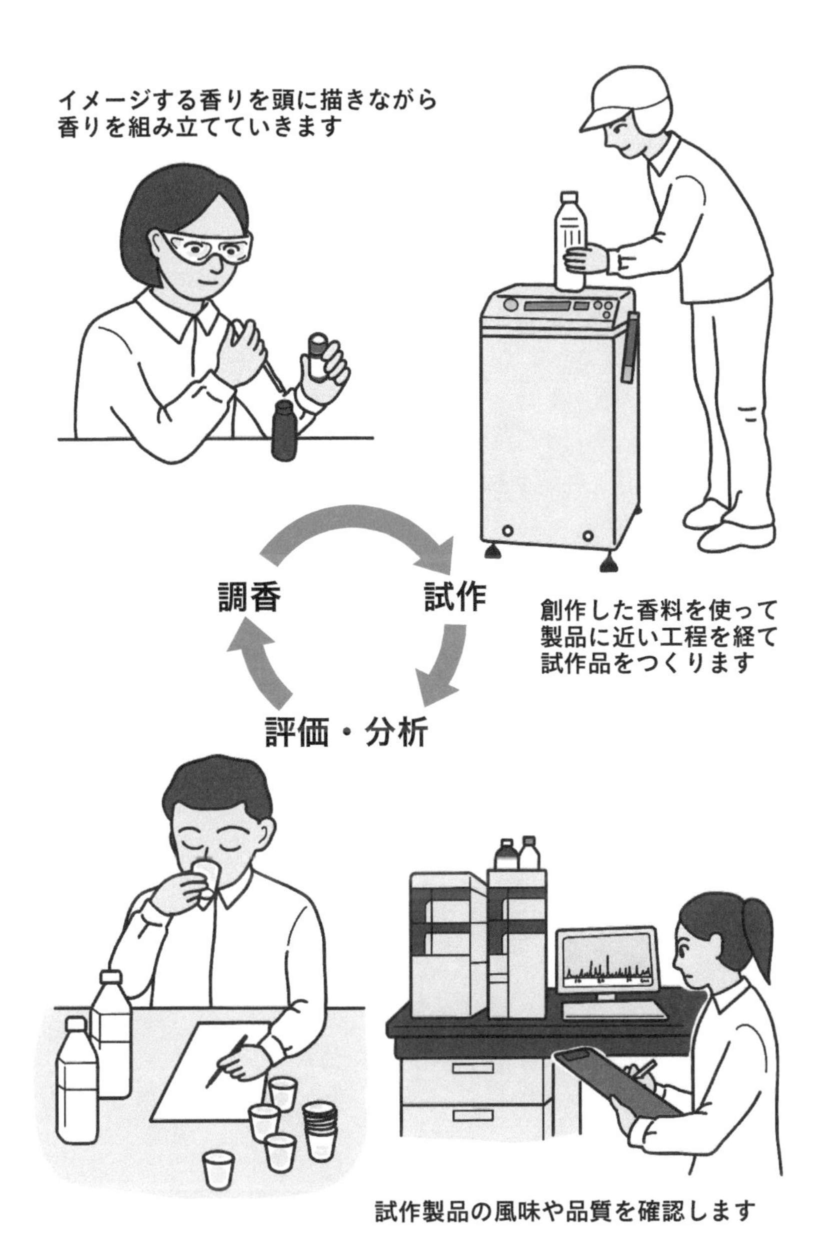
イメージする香りを頭に描きながら
香りを組み立てていきます
調香
試作
創作した香料を使って
製品に近い工程を経て
試作品をつくります
評価・分析
試作製品の風味や品質を確認します

りも強い香りになるように調整します。また，製造工程上120～140℃もの高熱がかかるため，香料にも強い耐熱性が求められます。つまり，熱によってにおいが変化したり弱くならないような原料を使って処方を組み立てなければなりません。一般に知られることはないのですが，ハードキャンディ用の香料は，においが強すぎてそのままでは瞬時には何のにおいかわからないほどです。でも，キャンディになるとそれでちょうどよくなるものなのです。以上のような作業をくり返すことで，最初にイメージした香りの飲料やキャンディ用の香料が完成します。

「香料をつくる」ためには，芸術的感性だけではなく，商品や原料の物理的性質や化学的性質を考察する科学的視点や，製造工程や製造条件にかかわる工学的視点など，幅広い知識が求められます。

においを感じなくても生活に不便はない，と考える人もいるかもしれません。しかし，現代では多くの日用品や加工食品に「におい＝香料」が使われることによって，私たちの生活をより豊かにしているといえるでしょう。

みなさんは日常生活をするうえで，さまざまなにおいに触れています。そのようなとき，安全で安心な素材を用いて，おいしい，心地よいと思う香りを創(つく)るため想像を膨らませ，香りの無限の可能性に挑戦している調香師や技術者がいることを思い出してみてください。

私たちのまわりには常ににおいがあふれています。
においを感じながらステキな日常を送ってみませんか？

参考文献

CHAPTER 1

- 農研機構 花き研究所：http://www.naro.affrc.go.jp/archive/flower/research/kaori/contents/contents_1.html
- Baldermann S et al., Volatile Constituents in the Scent of Roses, Floriculture and Ornamental Biotechnology 3（SPECIAL ISSUE 1），89-97（2009）
- 藤本章人，パンと微生物，モダンメディア，63(8)，186-192（2017）
- 井上重治，微生物と香り：ミクロ世界のアロマの力，p.84-88，フレグランスジャーナル社（2002）
- 城 斗志夫ほか，キノコの香気とその生合成に関わる酵素，におい・かおり環境学会誌，44(5)，315-322（2013）
- 森 浩晴ほか，腸内細菌のインドール、フェノールならびにアンモニア産生抑制に及ぼすヨーグルトの効果，日本栄養・食糧学会誌，46(2)，139-145（1993）
- カナダ観光局 CANADATHEATRE：https://natgeo.nikkeibp.co.jp/nng/article/news/14/9035/
- 小山幸子，匂いによるコミュニケーションの世界：匂いの動物行動学，p.137-150（2014）
- William, F. W. et al., Volatile Components in Defensive Spray of the Hooded Skunk, Mephitis macroura. J.Chem.Ecology, 28(9)，1865-1870（2002）
- 森 裕司，動物の行動と匂いの世界，化学と生物，31(11)，714-723（1993）
- 蟲ソムリエへの道：http://mushikurotowa.cooklog.net/Entry/220/
- 日本生物防除協議会：http://www.biocontrol.jp/Pheromone.html
- 東原和成 編，化学受容の科学，p.19，化学同人（2012）
- 勝又綾子，アリのケミカルコミュニケーション，比較生理生化学，24(1)，3-17（2007）
- ペーター・ヴォールレーベン，樹木たちの知られざる生活―森林管理官が聴いた森の声（長谷川圭 訳），早川書房（2017）
- De Moraes, C. M. et al., Herbivore-infested plants selectively attract parasitoids, Nature 393, 570-573（1998）
- Alborn, H, T. et al., An Elicitor of Plant Volatiles from Beet Armyworm Oral Secretion, Science 276 (5314)，945-949（1997）
- 京都大学生態学研究センター 高林純示研究室 研究概要：https://www.ecology.kyoto-u.ac.jp/~junji/research.html
- 塩尻かおり，生態系における生物間化学情報ネットワーク，日本応用動物昆虫学会誌，48(3)，169-176（2004）
- 立木美保，エチレンによる果実の成熟・老化制御機構，果樹研報，6，11-22（2007）
- 福原のページ（植物形態学・生物画像集など）：https://ww1.fukuoka-edu.ac.jp/~fukuhara/keitai/6-7.html
- ジャン・マリーペルト，植物たちの秘密の言葉ーふれあいの生命誌（1997）
- Zinn, A. D. et al., Inducible defences in Acacia sieberiana in response to giraffe browsing, African Journal of Range & Forage Science 24, 123-129（2007）
- 松栄堂：https://www.shoyeido.co.jp/incense/history.html
- 梅薫堂：http://www.baikundo.co.jp/agalloch/
- 荒川浩和，日本の美術 276　香道具，至文堂（1989）
- 木下朋美・坂田完三，東方美人茶の香りの秘密，香料，229，113-120（2006）

CHAPTER 2

- De Bok, A. F. M. et al., Volatile compound fingerprinting of mixed-culture fermentations, Appl Environ Microbiol, 77, 6233-6239（2011）
- 井上重治，微生物と香り：ミクロ世界のアロマの力，p.142-146，フレグランスジャーナル社（2002）
- 三星沙織，木内 幹，食品と微生物（川本伸一 編著），p.196-200，光琳（2008）

- 布村伸武，醤油の香味成分 HEMF，日本醸造協会誌，101(3)，151-160（2006）
- 村尾沢夫ほか，くらしと微生物 改訂版，p.52-55，培風館（1993）
- 竹村 浩，納豆菌の育種による納豆の差別化と品質向上，化学と生物，53(11)（2015）
- 日本校了協会，香りの本「花の香り」特集号，232（2006）
- 吉田よし子，香りの植物：樹木からハーブまで，山と渓谷社（2000）
- 諸江辰男，香りの歳時記，東洋経済新報社（1985）
- 舟茂洋一・馬場 篤，日本の香木・香草ー香る花・木・草 220，誠文堂新光社（1998）
- 長谷川香料株式会社，香料の科学，講談社（2013）
- 岸本定吉，炭，創森社（1998）
- 辰口直子ほか，炭焼き加熱特性の解析（第 1 報）：熱流束一定条件下での伝熱特性の比較，日本家政学会誌，55(9)，707-714（2004）
- 辰口直子ほか，炭焼き加熱特性の解析（第 2 報）：炭焼き食品のにおいの検討，日本家政学会誌，56(2)，95-103（2005）
- 松石昌典ほか，和牛肉と輸入肉の香気成分，日本畜産学会報，75(3)，409-415（2004）
- 佐藤巌・伊東眞澄，フランス料理仏和辞典，イトー三洋（1987）
- Speence, C. et al., Pairng flavours and the temporal order of tasting, Flavour, 6(4)（2017）
- 日本ソムリエ協会 編，日本ソムリエ協会教本，飛鳥出版（2017）
- 小林弘憲，甲州ワインの香気成分に関する研究，J. ASEV jpn., 24(1)，17-23（2013）
- フレディ・ゴスランほか，調香師が語る香料植物の図鑑（前田久仁子 訳），原書房（2013）

CHAPTER 3

- 東原和成ほか，においと味わいの不思議ー知ればもっとワインがおいしくなる，虹有社（2013）
- 日下部裕子・和田有史，味わいの認知科学ー舌の先から脳の向こうまで，勁草書房（2011）
- ゴードン・M・シェファード，美味しさの脳科学ーにおいが味わいを決めている，合同出版（2014）
- 伏木 亨，だしの神秘，朝日新書（2017）
- 上田純也ほか，AR 仮装飲料の視覚情報と音情報が味覚と食感に与える影響，2014 年映像情報メディア学会年次大会
- David, A. Y. et al., Common Sense about Taste: From Mammals to Insects, Cell, 139(2), 234-244(2009)
- 森 憲作，脳のなかの匂い地図，PHP 研究所（2010）
- 日下部裕子，食品分析開発センター SUNATEC「味覚受容機構の解明が拓くおいしさ研究のグローバル化」：http://www.mac.or.jp/mail/101201/03.shtml
- 東原和成ほか，日本のワインアロマホイール＆アロマカードで分かる！ワインの香り，虹有社（2017）

CHAPTER 4

- 平沼 光，資源争奪の世界史ースパイス、石油、サーキュラーエコノミー，日本経済新聞出版（2021）
- 中村祥二，香りの世界をさぐる，朝日新聞出版（1989）
- 香料名鑑 2017 版，香料産業新聞社（2016）
- 詳説　世界史 B，山川出版社
- 詳説　日本史 B，山川出版社
- 山田松香木店：https://www.yamadamatsu.co.jp/

おわりに

最後までお読みいただきありがとうございました。

これからみなさんが日々の生活を送るなかで，ふとした瞬間に感じたにおいを意識したり，この香りはなんだろう？と考えたりしてもらえたら，執筆者一同，嬉しく思います。

ここまでにおいの話をしてきましたが，なぜにおいを感じるか，その生理学的なメカニズムの研究は，まだ始まって間もないといっても過言ではありません。アメリカのアクセル博士とバック博士が嗅覚の受容体に関する研究でノーベル賞（生理学・医学）を受賞したのは2004年のことです。以降もにおいについてさまざまな研究が進み，ひとつずつ謎が解き明かされている状況です。今後も研究が進み，ひとつひとつ未知の世界が解き明かされて，においを活用する分野も広がりをみせていくことでしょう。

一方，香料についていえば，多くの人ににおいを楽しんでいただくためにその役割は大きくなってきています。そのため今後は香料をつくるための原料を安定的に供給できるしくみや制度を整えることが重要です。香料の天然原料である作物の多くは海外で栽培されていますが，気候変動や病害，生産者の減少などとりまく環境が厳しいところも多くあります。限りある資源を大切に守りながら育てていくことは，これからもとりくんでいくべき課題のひとつです。

弊社は2013年に『香料の科学』を出版しました。香料について，正しく理解していただきたいとの思いから発刊し以後版を重ねています。しかし，一部の読者から難しい，もう少し平易に解説してほしいという要望をいただいていました。そのようなとき，講談社より「においとは」「におうとはどういうことか」という香料の前段階についてイラストを活用する本書の出版企画をいただきました。目に見えないにおいや香りを可視化するイラストを，イラストレーターで麹料理研究家であるおのみさ氏にお願いし，講演・執筆活動など多忙ななか，全面的なご協力をいただきました。

また本書刊行にあたり，さまざまな文献や資料，写真を参考にさせていただきました。そして，編集・制作では講談社サイエンティフィク 堀恭子氏に大変お世話になりました。ここに感謝の意を表します。

この本を読み終えた今，あなたのまわりにはどのようなにおいや香りがしているでしょうか。

2022年4月

長谷川香料株式会社
絵でわかるにおいと香りの不思議
出版・執筆チーム一同

執筆関係者（前列左より） 山下貴仙，島津昌樹，川畑和也，川村晴希，安田佳代，早川きり，上敷領俊，前田 良，桂田拓人，吉田哲也，金留信智，近藤和彦，黒林淑子，藤本 寛，長田茂也，中野郁子，岩﨑 亮，岩崎祐希子，石井妙子

索引

あ

アオムシコマユバチ 24
アカシア 22
赤ワイン 88
アクネ菌 57,59
浅煎り 64
味 110,112,116
足の裏 59
味物質 114,116
汗 56
アセトアルデヒド 6
アデニル酸シクラーゼ 103
アブソリュート 160
アポクリン汗腺 56
アリ 18
アルコール類 7
アルデヒド 72
アルデヒド類 7
合わせ出汁 112
アンドロステノン 14
アンバーグリス（龍涎香） 156
硫黄化合物類 7,66,79
一次味覚野 114
異性体 6
イソアミルアルコール 36
イソ吉草酸 44,59
イソバレルアルデヒド 62
イソプレン 7
イソ酪酸 44
炒めたタマネギ 70
イチゴ 78,169
イチョウ 50
イヌ 12,108
イノシン酸 112
インターモーダルな相互作用 112
インドール 80
烏龍茶 80
ヴェルサイユ宮殿 126
うま味 116
ウメ 46
エクリン汗腺 56
エステル香 82
エステル類 7
エチルアルコール 6,122
エチレン 20
エッセンシャルオイル 160
エトロフウミスズメ 12
オー・デ・コロン 126,128
オオカミ 14
オオシマザクラ 46
おなら［スカンクの］ 14
オルガン台 ➡ 調香台
オルソネーザル経路 108
オレンジ 78
オレンジジュース 150

か

海気浴 94
カイコガ 16
海馬 104,114
化学信号 100,103,116
化学物質 2,4
加工食品 130,140,150
ガスクロマトグラフ（GC） 32,130
カストリウム（海狸香） 157
ガストリック 76
かつお出汁 112
カップ麺／カップスープ 150,152
カビ臭い 60
髪 52
カメムシ 16
カラメリゼ 74
カラメルソース 74
カラメル化反応 70,74,76
カルボン酸類 7
加齢 52
関西風［すき焼き］ 66,68
汗腺 56
乾燥酵母 36
関東風［すき焼き］ 68
官能基 6
含硫化合物（群） ➡ 硫黄化合物類

記憶 104
幾何異性体 8
貴族 126
揮発性成分 90
キャベツ 22
伽羅 134
キャンディ 170
嗅覚 98,106
嗅覚受容体 114
嗅球 102,103,104
嗅細胞 100,103,108
嗅上皮 98,100
嗅繊毛 100,103
嗅粘膜 100
嗅皮質 104,114
鏡像異性体 8
菌 28,56
吟醸香 84,86
銀杏 50
キンモクセイ 48,50
グアイヤコール 64,163
グアニル酸 112
供香 132
クチナシ 48
クッキー 152
グラース 124
グリーンフライ
➡ チャノミドリヒメヨコバイ
九里香 ➡ キンモクセイ
グルタミン酸 45,112
クレオパトラ 121,146
クローブ 163
クロスモーダルな相互作用 112,114
薫香 120
警報フェロモン 18
警報メッセージ 22
化粧水 136
ケトン類 7
ケミカルコミュニケーション 24
ゲラニオール 80
原子 2,4
香膏 120
麹 38
麹菌 38
香粧品香料 144
香水 52,130,136,138
——の起源 122
香水メーカー［海外の］ 128,131
合成香料 128,154,162
酵素 38
構造異性体 8
構造式［書き方］ 4
紅茶 26,80
香道 134
紅梅 46
後発酵茶 80
酵母 10,36,38
香木の分類 135
香油 120
香料 120,144
——の原料 154
——の調整 170
香料会社［海外の］ 130
香料会社［日本の］ 138
香炉 133
コーヒー 64
五感 114
コク 71,73,76
孤束核 114
国菌 38
コナガコマユバチ 24
五味 116
コロンブス 124
混成酒 82
コンパニオンプランツ 22
昆布出汁 112

さ

サイクリック AMP（cAMP） 103
催涙性物質 70
酢酸 6
酢酸エチル 42
サクラ 46,51

桜餅 46
酒 6,82
ザゼンソウ 20
潮 94
ジオスミン 60
視覚 114
糸球体 100
篩骨洞 98
視床 105,114
視床下部 104
シス体 ➡ Z体
シス-3-ヘキセノール
➡ (Z)-3-ヘキセノール
シス-ジャスモン ➡ (Z)-ジャスモン
システイン 66
七里香 ➡ ジンチョウゲ
シベット（霊猫香） 156
脂肪族系化合物 6
ジメチルスルフィド 7,80,94
ジャガイモ 4
ジャコウジカ 156
ジャコウネコ 156
ジャスミン 8,20,48
ジャスモン 8
ジャスモン酸メチル 80
シャンプー 52,144
集合フェロモン 19
修道院 123
柔軟剤 54,140
主嗅覚系 106
主嗅球 107
熟成 86
樹脂 26,120
受容体 100,116
上顎洞 98
消臭剤 146
正倉院 132
醸造酒 82
焼酎 84
消毒薬 6,8
醤油 42
蒸留酒 82,84
食塩 4
食品香料 150
植物ホルモン 20
植物由来香料 154,158
除光液 7
鋤鼻器 106
鋤鼻系 106
白ワイン 88
真菌 38
神経突起 103
沈香（沈水香木） 26,134
ジンチョウゲ 46,50
新聞紙 54
森林浴 90
水蒸気蒸留(装置) 122
水蒸気蒸留法 160
水溶性香料 152
スカンク 14
スカンクキャベツ ➡ ザゼンソウ
スギ 90
すき焼き 66,68
スズメガ 20
スズラン 48
ストレッカー分解 72
スパイス 124,132
スポーツドリンク 152
炭火焼 63
スミレ 92
性フェロモン 16
生物農薬 24
精油 ➡ エッセンシャルオイル
清涼飲料水 152
セカンドメッセンジャー 103
セキステルペン類 7
石鹸 138
洗剤 54,140
前頭眼窩皮質 114
前頭洞 98
相互作用［味とにおいの］ 112,116
相互作用［インターモーダルな］ 112
相互作用［クロスモーダルな］ 112,114
相乗効果 112,116

空薫 132

た

ダージリン紅茶 26
第一アロマ 86
第三アロマ 86
体臭 52,56
第二アロマ 86
大脳辺縁系 114
タイム 112
タイワンヒノキ 90
タガメ 16
薫物 132
出汁 112
タマネギ 70
淡紅梅 46
単式蒸留 84
タンパク質 38
単離香料 162
チアミン 66
窒素化合物類 7
茶 80
チャノミドリヒメヨコバイ 26
蝶形骨洞 98
調香 164
調香師 164,168,169
調香台 164
腸内細菌 28
チョコレート 152
ディフューザー 148
テルペン系化合物 6
テルペン類 22,90
電気信号 100,103,104,114,116
天敵農薬 24
天然酵母 36
天然香料 154
デンプン 4
頭皮 56
動物由来香料 154,156
トップノート 166
ドライイースト ➡ 乾燥酵母
トランス体 ➡ *E* 体
トランス-2-ヘキセナール
➡ (*E*)-2-ヘキセナール
トランス-ジャスモン
➡ (*E*)-ジャスモン
トリアシルグリセロール 4
トリュフ 14
トロピカルフルーツ 78

な

納豆 44,59
ナットウキナーゼ 44
納豆菌 44,45
ナポレオン１世 128
におい 2,110,112,116
——と記憶 104
——の感知機構 103
ニオイスミレ 92
におい物質 2,100,103,108,114,154
——の化学構造 6
日本酒 82
乳化香料 152
乳香 26,120
乳酸菌 36,40,41
入浴剤 146
尿［オオカミの］ 14
ネコ 12
ネズミ 107
脳 100,114

は

ハーブ 22,112
焙煎 64
パイナップル 78
ハエ 20
白梅 46
ハゴロモジャスミン 48
爬虫類 106
ハッカ 8
発酵 31,36,84

発酵食品 10,30,36,38,40,42,44
発酵茶 80
鼻 98
鼻毛 98
ハナバチ 20
バニラビーンズ 162
バニリン 162
パフューマー 164
バラ 20,48,121,158
春めき［サクラの品種］ 51
パン 36
ハンガリーウォーター 122
半合成香料 162
半発酵茶 80
ビーバー 157
ビール 82
鼻腔 98
皮脂腺 56
微生物農薬 24
鼻前庭 98
鼻中隔 98
鼻粘膜 98
ヒノキ 60,90
ヒノキチオール 60
ピピドシャ（猫の尿） 88
ビフィズス菌 40,41
皮膚常在菌 56
表皮ブドウ球菌 57,59
ピラジン類 36,66
ピロール類 36
鬢付油 136
フィトンチッド 90
プーアール茶 80
ブーケ ➡ 第三アロマ
フードペアリング 81,89
風味 108,110,114
フェノール類 7
フェロモン 16,106
深煎り 64
副嗅覚系 106
副嗅球 106
副鼻腔 98
不斉炭素 8
ブタ 14
ブドウ球菌 57,59
ブドウ糖 4
腐敗 30
不発酵茶 80
フラン類 36,66
プルースト効果 104,105
フルフリルメルカプタン 64
フレーバー 150,169
フレーバリスト 164
フレグランス 144,168
プロテイン飲料 152
プロパンチアール-*S*-オキシド 70
プロピオニバクテリア 57,59
糞便臭 28
粉末香料 140,152
ベースノート 166
ヘキシルアセテート 6
ベジマイト 30
扁桃体 104,114
防御物質 22,26
芳香剤 60,146
芳香族系化合物 6
ホップ香 82
ポテトチップス 4
ボンビコール 16

ま

マーキング 12
マスキング 144
マッコウクジラ 156
マツタケ 28,138
マツタケオール 28,138
マロラクティック発酵 86
ミイラ 120
味覚受容体 114
味覚 116
道しるべフェロモン 18
ミドルノート 166
味蕾 116

ミント 22
無機化合物 4
ムスク（麝香） 156
メイラード反応 66,70,72,76
メラノイジン 70
メントール 8
没薬 120
モノテルペン類 7
モルト香 82

や

焼き鳥 62
ヤマユリ 20,92
有機化合物 2,4
油溶性香料 152
陽イオンチャネル 103
溶剤抽出法 160
ヨーグルト 40

ら

ラクトン 68
ラストノート 166
ラズベリー 8
ラズベリーケトン 8
ラベンダー 92
蘭奢待 134
ランビキ 137
リキュール 84
リナロール 80
リモネン 90
緑茶 80,138
レトロネーザル経路 108
連続式蒸留 84
ロウバイ（蝋梅） 50
ローズマリー 22,112,122

わ

ワイン 86
腋（ワキガ） 56
和牛香 68

数字・欧文

1-オクテン-3-オール
➡ マツタケオール
2-エチル-3,5-ジメチルピラジン 7,62
2-エチル-4-ヒドロキシ-5-メチル-3(2*H*)-フラノン 42
2-フェニルエチルアルコール 10,36,80,158
2-メチルイソボルネオール 60
2-メチルフラン-3-チオール 62
2,5-ジメチル-4-ヒドロキシ-3(2*H*)-フラノン 42,62,64,74
(2*E*,4*E*)-2,4-デカジエナール 62
3-メチル-2,4-ノナンジオン 80
4-エチルグアイヤコール 42
4-エチルフェノール 42

d-メントール 8
E 体 8
(*E*)-ジャスモン 8
(*E*)-2-ブテン-1-チオール 14
(*E*)-2-ヘキセナール 16,138
(*E*)-2-ヘキセニルアセテート 16
G タンパク質（GTP） 103
G タンパク質結合型受容体（GPCR） 103
GC（ガスクロマトグラフ） 32
GC-オルファクトメトリー（GC-O 法） 32
l-メントール 8
p-クレゾール 6
Z 体 8
(*Z*)-ジャスモン 8
(*Z*)-3-ヘキセノール 80,92,138

α-ピネン 90
β-ダマセノン 80
γ-ポリグルタミン酸 45

著者紹介

長谷川香料株式会社

1903年（明治36年）に長谷川藤太郎が東京・日本橋に創業。100年以上にわたり香料づくりにとりくむ総合香料メーカー。
各種香料（香粧品香料，食品香料，合成香料），各種食品添加物および食品製造ならびに販売と輸出入に関する業務を行っている。

本　社：〒103-8431　東京都中央区日本橋本町 4-4-14
TEL 03-3241-1151
https://www.t-hasegawa.co.jp/

「香り」と「香料」の情報サイト『HASEGAWA LETTER online』
https://hasegawa-letter.com/

NDC 590　191 p　21cm

絵でわかるシリーズ
絵でわかるにおいと香りの不思議

2022年4月25日　第1刷発行
2023年2月 9 日　第2刷発行

著　者　長谷川香料株式会社
発行者　髙橋明男
発行所　株式会社　講談社
〒112-8001　東京都文京区音羽 2-12-21
販　売　(03)5395-4415
業　務　(03)5395-3615

KODANSHA

編　集　株式会社　講談社サイエンティフィク
代表　堀越俊一
〒162-0825　東京都新宿区神楽坂 2-14　ノービィビル
編　集　(03)3235-3701

本文データ制作 カバー・表紙印刷　株式会社双文社印刷
本文印刷・製本　株式会社ＫＰＳプロダクツ

Printed in Japan

ISBN978-4-06-526925-1